Dipl.-Betriebswirt Gunter Prollius

Das faire Arbeitszeugnis

Wie man der Wahrheitspflicht und dem Wohlwollen gleichermaßen Rechnung trägt

UVK Verlag · München

Diplom-Betriebswirt Gunter Prollius kommt aus der Praxis und Lehre und arbeitete für die Praxis sowie zeitweise auch als Lehrbeauftragter in Hochschulbereichen und bei anderen behördlichen und privaten Bildungsinstitutionen. Er übernahm in nationalen und internationalen Unternehmen verantwortungsvolle Führungsfunktionen – so auch als Personalchef. Seit über 20 Jahren führt er ein Beratungsbüro mit Sitz nahe Heidelberg und berät und betreut Unternehmen und Verbände bei Fragen zur Organisation, zu Führungsmodellen und -strukturen und berät Personen auf ihrer Karriereleiter. Weiterhin ist er freiberuflicher Dozent mit einer großen Palette an Seminarthemen, ist Autor von zahlreichen Fachbüchern und Artikeln und war auch journalistisch tätig.

Bibliografische Information der Deutschen Bibliothek
Die Deutsche Bibliothek verzeichnet diese Publikation in der Deutschen Nationalbibliografie; detaillierte bibliografische Daten sind im Internet über <http://dnb.ddb.de> abrufbar.

ISBN 978-3-7398-3026-1 (Print)
ISBN 978-3-7398-8026-1 (ePDF)

Umschlag: © iStockphoto alvarez
Druck und Bindung: CPI books GmbH, Leck

Narr Francke Attempto Verlag GmbH + Co. KG
Dischingerweg 5 · 72070 Tübingen
info@narr.de
www.narr.de

In memoriam

Meinem Fachkollegen und Freund Dr. phil. Alfred Linduschka
in Heidelberg

Inhaltsverzeichnis

Einführung

Gelegentlich oder auch öfters kommt es bei dem Thema ZEUGNIS – pauschal gesagt – zwischen den *Arbeitgebern* und ihren *Arbeitnehmern* zu Unstimmigkeiten und Enttäuschungen bis hin zu Verleumdungen, die sogar zu Prozessen vor den Arbeitsgerichten führen. Weniger bei den Großunternehmen, sondern mehr in den sogenannten „KUM-Betrieben", also mehr in den *Klein- und Mittelbetrieben.* **Warum?** Eine Antwort auf einen Nenner zu bringen ist nicht möglich, weil sie von einer Vielzahl von Gründen, Ansichten und Absichten abhängt, die in diesem Buch im Einzelnen untersucht und den Leserinnen und Lesern erläutert werden, und weil jede Partei von eigenen Leistungs- und Verhaltensweisen und Ansprüchen ausgeht, die aber noch nicht allgemein von Betrieb zu Betrieb **einheitlich genormt** festgelegt und eingehalten werden.

Das Erstellen von Zeugnissen ist eine vom Gesetzgeber und den Tarifvertragsparteien auferlegte betriebliche Notwendigkeit, welche für viele Arbeitgeber-Aussteller jedoch mehr als eine *betrübliche Last* empfunden wird. Es gibt bis heute noch keine klar abgegrenzten und vergleichbaren Zeugnisformulierungen und Bewertungsmaßstäbe, allenfalls historisch gewachsene Zeugnisfloskeln und antiquierte Redewendungen, die oftmals zu Irritationen zwischen den Arbeitgebern und den betroffenen Arbeitnehmern führen.[1]

Wenn man in jungen Jahren das Wort ZEUGNIS hört, dann fällt jedem von uns die eigene Schulzeit wieder ein, bei der man – als Schülerin oder Schüler – Jahr für Jahr Neues erlernen musste, um dann von dem weiblichen oder männlichen Lehrer (also dem Vorgesetzten, der das Vor-**Sagen** hatte), im Schulzeugnis den *schriftlichen Nachweis in Form von Noten* erhält, mit dem Ergebnis, **ob und wie man selbst das Ziel, versetzt zu werden**, erreicht hatte. Diejenigen Schüler, die von ihren Lehrern im Allgemeinen mit ihren *durchschnittlichen und überdurchschnittlich guten Noten* belohnt wurden, fühlten sich auch selbst gegenüber allen anderen Mitschülern von ihren damaligen Vorgesetzten

„wohlwollend" beurteilt" und daher auch **„fair" behandelt."**

Andere, die ihre Versetzung nicht erreicht hatten, konnten aufgrund ihrer damaligen negativ bescheinigten Noten in den Klassenarbeiten oder Klausuren nachvollziehen, warum sie aufgrund ihrer häufigen Minderleistungen und/oder auch wegen ihres schlechten Betragens (Verhalten anderen gegenüber) negativ benotet und dadurch auch benachteiligt wurden. Erkannten sie ihre bescheinigten Mängel im Quervergleich zu den anderen, dann waren die meisten von ihnen auch bestrebt, sich zu ändern, d.h. sich den allgemein üblichen Normen hinsichtlich der schuleigenen Gruppen-Leistung oder des Gruppen-Verhaltens *anzupassen. Fühlten* sie sich jedoch im Vergleich zu ihren Kollegen *ungerecht und damit falsch* und ***unfair** behandelt,* revoltierten einige von ihnen ohne oder mit Erfolg, um zu einem verbesserten Ergebnis zu kommen, wenn sie sich mit ihren Argumenten nachweislich auch durchsetzen konnten.

Diese unterschiedlichen Verhaltensweisen und Ansichten können wir im Arbeitsleben zuerst bei unseren in ihrer Berufsausbildung beschäftigten Auszubildenden (Azubis) am besten nachvollziehen, jedoch mit der Einschränkung, dass diese sich in einem *dualen Ausbildungs-*

[1] FB *Aufbau und Gestaltung von Zeugnissen,3.* Auflage, G. Prollius 2002, expert Verlag

system befinden und zwei unterschiedliche Beurteilungen, die eine von der Berufsschule und die andere von ihrem Ausbilder = Arbeitgeber als Gesamtergebnis mit dem Ziel, ① ihr Ausbildungsverhältnis erfolgreich abzuschließen und ②, sofern von ihnen gewünscht, auch für eine befristete Zeit – oder unbefristet – von ihm in ein Arbeitsverhältnis übernommen zu werden.

Und ZEUGNISSE spielen nun einmal – ganz allgemein gesagt – bei der AG-seitigen Auswahl von Bewerbungen eine große Rolle. Sie sind der Schlüssel dafür, ob „man" oder „frau" überhaupt zu einem Bewerbungsgespräch eingeladen wird.

Daher sollten **Ausbildungs- und Arbeitszeugnisse** *aus der Sicht der ausstellenden Arbeitgeber*, vertreten auch durch ihre Verbände und in Anlehnung an die gängige Rechtsprechung, zum einen **wahrheitsgetreu** und zum anderen *aus der Sicht der Arbeitnehmer* **wohlwollend** ausgestellt sein, *um keine Nachteile auf dem Arbeitsmarkt erleben zu müssen.*

In diesem Spannungsfeld einmal Arbeitgeber

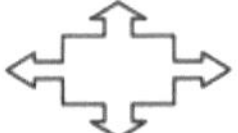

befinden sich nun und Arbeitnehmer.

Die Arbeitnehmer/innen (kurz **„AN"** genannt) sind heutzutage auch durch den starken Einfluss ihrer Gewerkschaften und Betriebsräte viel aufgeklärter und sensibler geworden und in ihren Ansichten bestärkt worden, sich nicht mehr alles von ihrem Arbeitgeber-Vertreter = Vorgesetzten gefallen zu lassen. Hingegen sind viele Arbeitgeber (kurz **„AG"** genannt) durch einige Arbeitsgerichtsprozesse und in der Zusammenarbeit mit ihren starken Betriebs- oder Personalräten zunehmend verunsichert, sodass wir heute nicht mehr von einem völlig ausgewogenen AG-AN-Verhältnis mit einem zurzeit noch >>*weichen, mehrdeutigen Beurteilungswesen*<< sprechen können.

Sind die in einem Zwischen-, Abgangs- oder Abschlusszeugnis durch den letzten Arbeitgeber formulierten Arbeitsplatz- und Tätigkeitsbeschreibungen, notwendigen Kenntnisse, Fertigkeiten und Erfahrungen ihres ausgeschiedenen AN für einen außenstehenden Arbeitgebervertreter ***nicht klar formuliert und überzeugend dargestellt*** und sein Führungsverhalten gegenüber seinen Mitarbeitern vielleicht gar nicht erst erwähnt worden, ist für jeden verständigen AG-Vertreter (zukünftigen Fach- oder Disziplinarvorgesetzten oder Personal-Entscheider im *HRM-Bereich*) entweder dieses **Zeugnis mit erheblichen Mängeln** belastet, oder der Bewerber scheint im Vergleich zu den Anforderungen des neuen Arbeitsplatzes völlig ungeeignet zu sein, weil es unterschiedliche, d.h. mehrdeutige Annahmen und Interpretationsmöglichkeiten zum Nachteil des AN zulässt.

„Wie kommen nun beide Parteien (AG und AN) aus diesem Missverhältnis ihrer unterschiedlichen Ansichten heraus? Und wodurch und wie zeichnet sich ein *zeitgemäßes Zeugnis* aus, und was hat sich, im Gegensatz zur früheren Praxis, geändert?"

Doch zuvor noch einen Hinweis des *Bundesministeriums für Arbeit und Soziales* auszugsweise in seinem *Merkblatt*[2] *über die Pflichten bei Beendigung des Arbeitsverhältnisses:*

[2] BMAS:Publikation:„Arbeitsrecht/Informationen für Arbeitnehmer und Arbeitgeber"

>>Jeder Arbeitnehmer hat bei der Beendigung des Arbeitsverhältnisses einen Anspruch auf ein schriftliches Zeugnis. Das Zeugnis hat mindestens Angaben über die Art und Dauer der Tätigkeit zu enthalten (*einfaches Zeugnis*). Darüber hinaus kann der Arbeitnehmer verlangen, dass der Arbeitgeber auch Angaben über Leistung und Verhalten im Arbeitsverhältnis macht (*qualifiziertes Zeugnis*). Bei der Erteilung des Zeugnisses muss der Arbeitgeber die *Grundsätze* berücksichtigen, die *vom Bundesarbeitsgericht (BAG)* entwickelt worden sind.

Danach sind folgende Grundsätze zu beachten:

① **Die äußere Form** darf nicht den Eindruck erwecken, der Arbeitgeber distanziere sich von dem Wortlaut seiner Erklärung.

② **Das Zeugnis muss wahr sein**. Es muss alle wesentlichen Tatsachen und Bewertungen enthalten, die für die Gesamtbeurteilung ausschlaggebend sind.

③ Es muss von **verständigem Wohlwollen** getragen sein und darf das weitere Fortkommen des Arbeitnehmers nicht unnötig behindern.

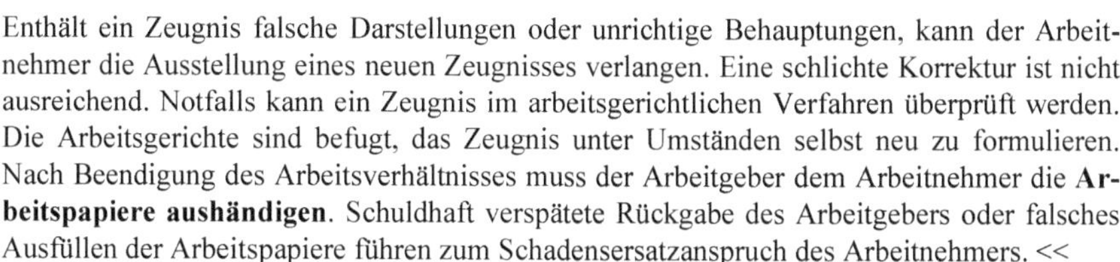

Enthält ein Zeugnis falsche Darstellungen oder unrichtige Behauptungen, kann der Arbeitnehmer die Ausstellung eines neuen Zeugnisses verlangen. Eine schlichte Korrektur ist nicht ausreichend. Notfalls kann ein Zeugnis im arbeitsgerichtlichen Verfahren überprüft werden. Die Arbeitsgerichte sind befugt, das Zeugnis unter Umständen selbst neu zu formulieren. Nach Beendigung des Arbeitsverhältnisses muss der Arbeitgeber dem Arbeitnehmer die **Arbeitspapiere aushändigen**. Schuldhaft verspätete Rückgabe des Arbeitgebers oder falsches Ausfüllen der Arbeitspapiere führen zum Schadensersatzanspruch des Arbeitnehmers. <<

Das ZEUGNIS soll also – auch nach heutiger Rechtsauffassung – von der ❶ *äußeren Gestaltung*, vom ❷ *Aufbau* und vom ❸ *Inhalt* her dem verständigen Leser und besonders dem neuen Arbeitgeber einen ❹ *ersten realistischen Eindruck vermitteln*, wie das ❺ *bisherige, detaillierte Aufgabengebiet* des Zeugnisinhabers ausgesehen hatte, verbunden mit welchem ❻ *Anforderungsgrad* und mit welchen ❼ *Führungs- und Entscheidungs-Kompetenzen* es wirklich ausgestattet war, und *was* von dem männlichen oder weiblichen Bewerber (kurz **Bewerber** genannt) auch tatsächlich bisher ❽ *angewendet bzw. umgesetzt* worden war.

Weiterhin erwartet der Entscheidungsträger für die Übernahme des neuen MA in dessen Zeugnis auch einen ❾ *Nachweis über seine Stärken* (Verantwortungsbewusstsein und Durchsetzungsvermögen) und über seine ❿ *Fertigkeiten und Fachkenntnisse* (z.B. auch über Fremdsprachenkenntnisse und Auslandseinsätze), die er dann im Interview – Bewerbungsgespräch noch einmal intensiv überprüfen kann.

Dieses Fachbuch zeigt auf der Grundlage nachvollziehbarer Fallbeispiele auf, wie man aus diesem Dilemma herauskommt. Es macht anhand von vielen Mustern typische Fehler im Aufbau, bei der Gestaltung und bei der Formulierung bisher erteilter Zeugnisse deutlich, würdigt die Rechtsprechung und stellt dar, wie man Arbeits- und Ausbildungszeugnisse praxisnah, in zeitgemäßer Diktion mit allgemein gültigen, nachvollziehbaren Beurteilungskriterien ohne großen Zeitaufwand und anhand von PC-gerechten Formulierungshilfen so aufbauen kann, dass sich Aussteller und Betroffene mit dem ZEUGNIS identifizieren können.

Außenstehende Dritte sollten nun in der Lage sein, sich ein realistisches Bild von der Persönlichkeit und fachlichen Kompetenz des männlichen oder weiblichen Arbeitnehmers bzw. des Bewerbers zu machen. Pauschalierte und antiquierte Formulierungen und Wertevorstellungen von früher gehören nicht mehr ins Zeugnis, sondern nur noch der Vergangenheit an.

1. Der Zweck des Arbeits- und Ausbildungs-Zeugnisses

1.1 Probleme beim Ausstellen von Zeugnissen

„Wie kommt es eigentlich, dass sich so viele Menschen bei dem Ausstellen von Arbeitszeugnissen so schwertun?“ Fragt man zum Beispiel Teilnehmer dies in Kursen oder Seminaren zum Thema >>Zeugniserstellung<<, so hört man Antworten wie diese:

- *„Ich habe noch zu wenig Praxis, weil ich jetzt bei uns in die Personalabteilung gewechselt bin. Und da erwarten die Disziplinar-Vorgesetzten, dass wir HRM-Mitarbeiter ihnen Vorschläge für ihre Mitarbeiter/innen (kurz* ***MA*** *genannt) machen sollen, obwohl die Beurteilung doch eigentlich ihre Arbeit sein sollte – oder etwa nicht?“*

- *„Ich möchte mal etwas Neues oder Anderes von Ihnen und den anderen Teilnehmern hören oder sehen. Unsere Zeugnisse werden alle nach demselben Schema F gemacht und unterscheiden sich untereinander kaum noch! Damit würde ich mich nicht gerne woanders bewerben.“*

- *„Einige unserer Vorgesetzten haben uns* ***Personaler*** *gefragt, ob wir nicht andere* ***Zeugnismuster*** *für sie haben, die mehr detailliert auf die einzelnen und wichtigen Aufgaben in ihren Bereichen eingehen.“*

- *„Wir haben oft Probleme mit unseren Abteilungsleitern, die unsere Zeugnisse unterschreiben, weil wir ihrer Ansicht nach viel zu freundlich unsere Muster oder unsere Vorschläge zu positiv verfassen, ohne auf die Schwächen der ausscheidenden Mitarbeiter hinzuweisen. Und dürfen überhaupt Mängel oder Fehler oder unfreundliches Betragen anderen gegenüber in Zeugnissen genannt werden? Ich glaube das doch nicht – oder?“*

- *„Eine ausgeschiedene Mitarbeiterin war mit ihrem Abgangszeugnis überhaupt nicht einverstanden. Sie forderte uns auf, ihr ein neues – von ihr stark verändertes Zeugnis – genauso auszustellen und ihr in den nächsten 14 Tagen zuzusenden, sonst würde sie einen Rechtsanwalt einschalten! Ihr ehemaliger Vorgesetzter weigert sich vehement, dieses zu tun!“*

- *„Auch bei uns besteht in unserem Personalbereich und auch unter unseren Vorgesetzen eine* ***Rechtsunsicherheit, ob und wie man negative Eigenschaften oder wichtige Vorkommnisse im Zeugnis vermerken darf oder muss****. Wenn zum Beispiel ein Mitarbeiter bei uns im Verdacht steht, etwas gestohlen zu haben, oder ein anderer trotz erteiltem Alkoholverbotes ständig nach Alkohol riecht, und mit ihm schon mehrere Disziplinargespräche geführt worden sind und sein Vorgesetzter nicht mehr mit ihm zusammenarbeiten möchte! Was nun?“*

So oder ähnlich lauteten ihre Fragen aus dem Teilnehmerkreis, die von dem Seminarleiter oder der Kursleiterin >>aufklärende Antworten<< erwarteten, um für sich eine Rückendeckung für ihr weiteres Vorgehen – auch durch das Erfahrungsgespräch mit einigen ihrer anderen Kursteilnehmern – praxisnah einzuholen.

Einen Grundmangel mag man vielleicht darin sehen, dass es bis heute noch keine detaillierten Rechtsvorschriften für den Zeugnisinhalt, d.h. über die Quantität und Qualität der Aussagen gibt, nach denen sich alle Arbeitgeber verbindlich zu richten haben. Nur, wo bleiben

dann noch *die Individualität des Einzelnen* und die vielen *Veränderungen an den heutigen Arbeitsplätzen* berücksichtigt?
Immerhin hat sich im Laufe der Zeit im Arbeitsleben auch unter gesellschaftspolitischen Gesichtspunkten und durch verschiedene Rechtsprechungen in Einzelbelangen eine *herrschende Rechtsauffassung* darüber gebildet, was man unter einer ***zeitgerechten***, d.h. ① den Anforderungen des Arbeitsplatzes und ② dem Eignungsprofil des Beurteilten entsprechend zusammengestellten ***Zeugnisformulierung*** versteht.

Wenn man bedenkt, dass pro Jahr ca. 1 Million *einfache* und *qualifizierte Arbeitszeugnisse* (ohne Schulzeugnisse) verfasst und verteilt werden, und Großunternehmen, KUM-Betriebe, Behörden und Dienststellen täglich mit einer Vielzahl von Zeugnisanträgen konfrontiert werden, stellt sich in der Tat die Frage: *„Ob und wie man nicht besser ein PC-gerechtes und **in Normen aufgebautes Baukastensystem** für Vorlagen den Zeugnisentwürfen aufbauen kann, das allen Beteiligten auch gerecht wird?"*

Und kann der Arbeitgeber – in seiner Vertretung der Personal- oder der HRM-Bereich –, in dem fast alle persönlichen und beruflichen Daten der MA in den **Personalakten** digitalisiert oder noch in Papierform aufbewahrt werden, sich nunmehr die mühsame Arbeit des Zeugnisausstellens auf mehrere Personen verteilt, erleichtern?

Das >>A und O<< bei der Abfassung von qualifizierten Berufsausbildungs- und Arbeitszeugnissen ist meiner Meinung nach mit folgenden Mitteln und Vorkehrungen zu erreichen:

❶ Eine ausführliche Arbeitsplatzbeschreibung der Stelle = **Stellenbeschreibung** genannt.

❷ Ein in Beurteilungswerten angefertigtes **Anforderungsprofil dieser Stelle.**

❸ Ein **Beurteilungssystem** für die Arbeitnehmer (mit Zustimmung des Betriebs- bzw. des Personalrates) nach individuell betrieblich abgesicherten Normen = Richtwerten.

❹ Ein **HRM-Zeugnisentwurf,** mit der Möglichkeit für den/die Vorgesetzten, an dieser Vorlage zur Endfassung noch Änderungen vornehmen zu können. Er gibt dem bisherigen Mitarbeiter zusätzlich – hinsichtlich eines neuen bekannten internen oder externen Arbeitsplatzes – die Chance, durch seinen bisherigen Vorgesetzten noch seine fachlichen Stärken und Führungskompetenzen *im Zeugnis besonders herauszustellen*, die für den neuen Arbeitsplatz auch notwendig sind, vorausgesetzt, dass sie von dem scheidenden Mitarbeiter in seiner letzten Funktion auch tatsächlich unter Beweis gestellt worden sind.

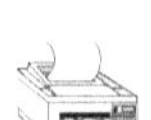

Dem neuen, intern oder extern interessierten Vorgesetzen werden diese positiv herausgestellten Eigenschaften und Merkmale *im Zeugnis besonders ins Auge fallen* und von ihm im Bewerbungsgespräch anhand von vergleichbaren eigenen betrieblichen Fällen auch recht schnell angesprochen werden.

Eine gute Ausgangsbasis für das erste Interview! →

Eine Kopplung von ❶*verbalisierten Beurteilungsnoten* über ❷eine *Vielzahl von Eignungsmerkmalen* im Rahmen eines bestehenden ❸*betrieblichen Beurteilungssystems* mit dem Inhalt der ❹*Stellenbeschreibung* sowie den ❺*persönlichen Daten des/der Beurteilten* würde dann beim Einhalten von ❻*Schriftform,* ❼*zeitlicher Chronologie* und unter Anwendung eines bestimmten betrieblichen ❽*Firmenbogens* oder ❾*Vordruckes in Form einer Urkunde* das ❿***Arbeitszeugnis*** *(vgl. Abb. 1)* ergeben.

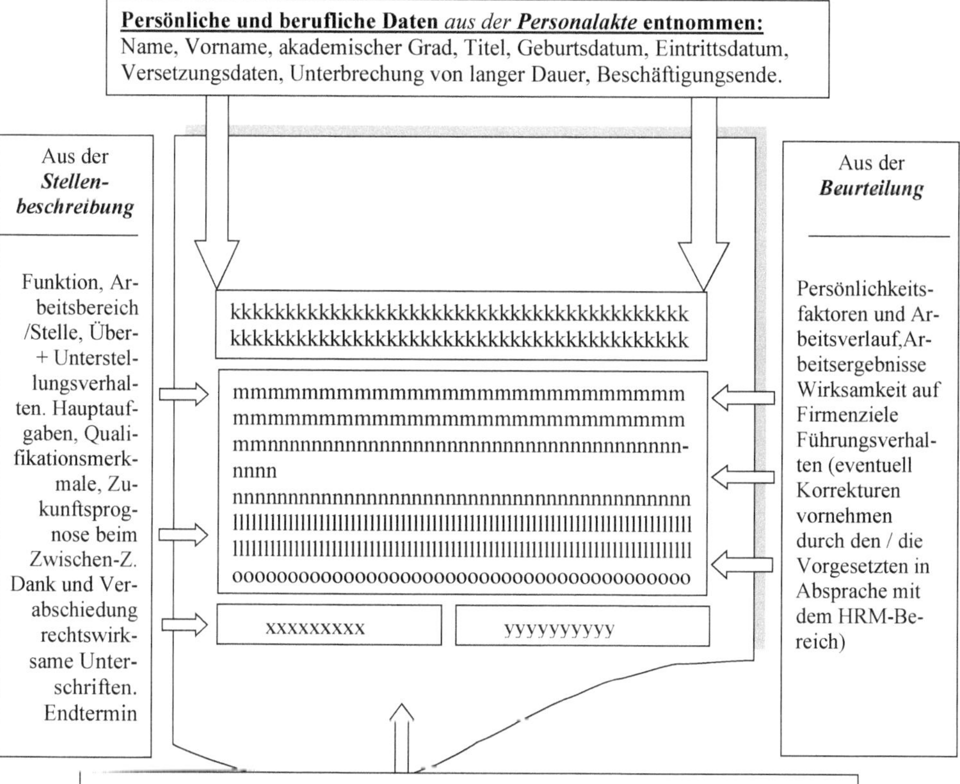

Abb. 1: Der Zeugnisaufbau

Voraussetzung für die Erstellung eines „betrieblich standardisierten Zeugnisses“ sind demnach das Vorhandensein aller persönlichen und beruflichen Informationen = *Personaldatensammlung aus der Personalakte*, eine dem AN zugehörige *Arbeitsplatz- oder Stellenbeschreibung,* die Anwendung eines betrieblich eingeführten und *gültigen Beurteilungsverfahrens,* das auf den betroffenen Mitarbeiter von seinem Vorgesetzten individuell und korrekt angewendet worden ist. Wobei der Personalbereich darauf achtet, dass auch die *äußere Gestaltung und die Inhalte* den derzeitigen, gültigen Rechtsnormen und im Zweifelsfalle auch der Beratung und/oder der Mitbestimmung des Betriebs- oder des Personalrates unterliegen.

Es ist nunmehr die Aufgabe derjenigen Person, die mit der Erstellung des Zeugnisses betraut ist, Informationen zu sammeln, sie einander zuzuordnen, in ein einheitliches chronologisches, zeitliches und organisatorisches Schema zu bringen und mit dem PC über ein Baukastensystem – ähnlich der Erstellung einer Personalanzeige – den Entwurf anzufertigen und als Texter noch einige verbindende Wörter und/oder allgemeine gültige Floskeln einzusetzen.

Betrachtet man die von Behörden ausgestellten **Dienstzeugnisse**, so finden wir vorgedruckte Formulare (**zum Beispiel bei der Bundeswehr**), die neben der Dienststellenbezeichnung, Nennung des Dienstgrades und des Namens des Beurteilten, seinen Status (Über- und Unterstellung) sowie anschließend noch seine verbale Beurteilung. Sein Dienstzeugnis endet mit dem Ausstellungsdatum, einem Dienstsiegel und dem Namen und Dienstgrad des beurteilenden Vorgesetzten.
Wenn auch diese zum Teil mit verschiedenen Schrifttypen versehenen Vordrucke nicht gerade wie ein *Aushängeschild der Truppe* aussehen, so lassen sie dennoch einen Raum für die aus dem reinen Formalismus hinausgehende, individuelle Beurteilung zu, die in einem Fall lautete:

„P. ist ein temperamentvoll und frisch auftretender Soldat, der aufgrund seines Fachwissens und aufgeschlossenen Wesens in der Gemeinschaft beliebt ist. Er ist im H-Lager der X-Staffel als Nachschubmeister und Teileeinheitsführer eingesetzt. Mit praktischem Geschick und gesteigertem Engagement konnte er in den zwischenliegenden Jahren seine fachlichen Leistungen und die sach- und funktionsgerechte Lagerung der Versorgungsartikel erheblich verbessern. Als Vorgesetzter ist seine Entwicklungstendenz positiv!"

Beim Durchlesen dieser Zeilen hat man als Außenstehender nicht gerade das Gefühl, dass es sich bei ihm um einen *Truppenclown* handeln würde, sondern vielmehr um einen Mann, der mit beiden Beinen fest im Leben steht. Sowohl Inhalt als auch die Wortwahl diese Beurteilung heben sich wohltuend vom Alltäglichen ab.

Die **Kunst**, ein ZEUGNIS zu schreiben sollte nicht nur ein formeller Akt sein, sondern verlangt auch von dem Aussteller (HRM-Mitarbeiter) gründliche Kenntnisse über:

❶ die Anspruchsnormen = Pflicht zur Zeugniserteilung,

❷ den Zeitpunkt der Ausstellung und der Herausgabe,

❸ die äußere Gestaltung dieses Dokumentes,

❹ den Aufbau und Inhalt unterschiedlicher Zeugnis-Arten,

❺ verschiedene Formulierungshilfen,

❻ die klare Aussagefähigkeit, die keine Mehrdeutungen zulässt,

❼ die zeichnungsberechtigten Unterschriften und

❽ verbotene Zeugniscodes und Zeugnis-Mängel und Arbeitgeber-Haftung

1.2 Der Sinn des Arbeits- und Ausbildungszeugnisses

Das *Arbeit-* und das *Berufsausbildungs-Zeugnis* – ausgestellt durch den Arbeitgeber ≅ Ausbildenden – sind für den männlichen oder weiblichen Arbeitnehmer oder Azubi der **schriftliche Nachweis** über seine/ihre in dessen Betriebsstätte ausgeübten Tätigkeiten (Beschäftigung) oder in seinen Räumen und Arbeitsbereichen absolvierte Berufsausbildung. Das **Arbeitszeugnis** soll dem **Arbeitnehmer als Unterlage** dienen, sich später einmal bei einem anderen Arbeitgeber oder auch für andere Zwecke **zu bewerben**. Der AG beabsichtigt daher, einem Dritten gegenüber seine verbindlichen Auskünfte über die beurteilte Person zu geben, damit der andere interessierte Arbeitgeber sich *ein abgesichertes **Urteil** über diese Person* nach einem oder mehreren Bewerbungsgesprächen (Interviews) bilden kann.
Die aus einem Zeugnis gewonnenen *Schlüsse* durch den evtl. neuen Arbeitgeber über die *Eignung des Bewerbers* im Vergleich zu den Anforderungen seines neuen, angebotenen Arbeitsplatzes haben daher einen *wesentlichen* – aber nicht den einzigen– *Einfluss* auf den Erfolg oder Misserfolg seiner **Bewerbung**. Sonst könnten sich neue Arbeitgeber ja die Bewerbungs-Interviews und sogar *Probezeiten* ersparen, was ja bei der Vielfalt der Unternehmensformen und Arbeitsplätze gar nicht möglich ist. Denn erst aus dem oder den Bewerbungsgesprächen werden sowohl der Bewerber als auch der evtl. neue Arbeitgeber ihre Schlüsse ziehen und ihre eigenen Entscheidungen treffen.

In jedem Fall vertraut der Leser dieser ausgestellten Zeugnisse auf den **❶Wahrheitsgehalt** der formulierten Aussagen über die ❷Beschäftigungszeiten und ❸Tätigkeitsarten, über ❹Merkmale und Besonderheiten der bisher ausgeübten Funktionen und über ❺Kompetenzangaben bei einem *einfachen Zeugnis,* und zusätzlich noch bei einem *qualifizierten Zeugnis* über die ❻Beurteilung seiner bisherigen fachlichen Kenntnisse und praktischen Erfahrungen und seines ❼Verhaltens, Vorgesetzten, Kollegen, Kunden, Geschäftsfreunden, Dienststellen und Behörden gegenüber und vor allem über sein ❽*Führungsverhalten* in der Zusammenarbeit mit seinen eigenen, ihm übertragenen Mitarbeitern, entweder alleine oder in Gruppen und vor allem auch bei ❾Forschungs-, Entwicklungs- und allgemeinen Projektarbeiten.

Wegen dieser grundsätzlichen – für das berufliche Fortkommen des AN – *hohen Bedeutung des Zeugnisses* einerseits, sowie andererseits, *um der Gefahr einer überzogenen positiven oder negativen Beurteilung* entgegenzuwirken, damit es nicht zu **Fehlentscheidungen** seitens neuer AG kommen kann, sind allgemeine Grundsätze aufgestellt worden, damit über beendete Arbeitsverhältnisse mündliche Aussagen und/oder schriftlich Vereinbarungen möglichst nur mit wahrheitsgetreuen Merkmalen versehen sind.

Daher gehören diese Endzeugnisse zu den >>**nachwirkenden Fürsorgepflichten**<< des bisherigen Arbeitgebers ≅ Ausbildenden zum Zwecke der Förderung des persönlichen und beruflichen Fortkommens seines ausscheidenden MA oder seines ehemaligen Azubis. Sollte jedoch ein Mitarbeiter oder ehemaliger Azubi auf einen neuen Arbeitsplatz im selben Betrieb oder Unternehmen wechseln, und er deshalb m. E. noch kein Endzeugnis benötigen, halte ich es für unbedingt notwendig, für diese Fälle (sowohl aus AG- als auch aus AN-Sicht) ihm entweder ein **Zwischenzeugnis** oder zumindest eine **schriftliche Beurteilung** anzufertigen und ihm auszuhändigen, damit diese beschriebenen Merkmale bei einem späteren Ausscheiden des Mitarbeiters mit in das **qualifizierte Endzeugnis** übernommen werden können. **Voraussetzung bei diesem Vorgehen ist jedoch**, dass die Beurteilungsmerkmale aus diesen Nachweisen und Gewichtungen gleich oder ähnlich aufgebaut sind, wie die Beurteilungen in den bisher vom selben Unternehmen ausgestellten „qualifizierten Zeugnissen“.

1.3 Die Fürsorgepflicht des Arbeitgebers und der Zeugnis-Aussagewert

Im Rahmen dieser **Fürsorgepflicht des Arbeitgebers**, die Ihnen nun bekannt ist, hat der Arbeitgeber alles zu **unterlassen**, was die berechtigten Interessen des Arbeitnehmers schädigen könnten, sofern sie nicht den betrieblichen Interessen des Arbeitgebers in unzulässiger Weise entgegenstehen.

Diese Fürsorgepflicht des Arbeitgebers kommt also fast ausschließlich dem besonderen Schutzbedürfnis seiner Arbeitnehmer, Azubis und Praktikanten, d.h. den wirtschaftlich Schwächeren zugute!

Der Aussagewert des Zeugnisses bewegt sich demnach in dem Spannungsfeld zwischen

① der **Wahrheitspflicht,** jedoch mit dem Spielraum des Sagens oder Nichtsagens,

② dem Getragenwerden von einem verständigen **Wohlwollen**,

③ dem **nicht Erschweren** des beruflichen Arbeitnehmer-Fortkommens,

④ dem ständigen Anspruch auf **Objektivität** (Relativieren einzelner Vorkommnisse), und

⑤ dem Anspruch, als Arbeitgeber glaubwürdig zu sein und **Haftungs-Schäden** wegen Schlechtleistung und/oder wegen Nichterfüllung von Rechtsansprüchen **abzuwenden.**

Und last but not least stellt das ZEUGNIS auch für den ausstellenden Arbeitgeber ≅ Ausbildenden einen Nachweis seiner Urteilsfähigkeit dar und wird sogar auch als

Visitenkarte

seines Geschäftes, Betriebes, Unternehmens, Institutes oder der Behörde angesehen.

1.4 Bewerbungsunterlagen und Zeugnisse[3]

Die Spielregeln sind klar! Unternehmen, Behörden, Institute und Unternehmens- und Personalberater und Sonstige, die als Arbeitgeber oder in ihrer Vertretung eine vakante Position ausschreiben, verlangen von dem Bewerber die **üblichen Bewerbungsunterlagen**. Hierunter versteht man im Allgemeinen neben dem *Anschreiben*(dem eigentlichen Bewerbungsschreiben) ein aktuelles *Lichtbild*, den zum Teil noch handgeschriebenen *Lebenslauf* (als zusätzliche Schriftprobe), *Ausbildungs- und Arbeitszeugnisse*, *Informationen über Weiterbildungs-Maßnahmen* (als Nachweis über den beruflichen Werdegang) und Angaben über die Einkommensvorstellungen sowie einen Hinweis über den frühestmöglichen Eintrittstermin ≅ Beschäftigungstermin. Bei dem Führungskräfte-Nachwuchs ebenfalls auch Angaben über Personen wie *Unternehmens- oder Personalberater*, die **Referenzen** über den Bewerber erteilen können, bzw. diese auch auf Vermittlung eines zukünftigen Arbeitgebers sollen.

Es versteht sich von selbst, dass der oder die Bewerber/in (kurz *der Bewerber* genannt) diese vorab genannten Unterlagen *in persona* anfertigt, zusammenstellt und an den Adressaten absendet.

[3] Quelle: Aus Artikel in *Zeitschrift Licht* 4 96 G. Prollius: „Bewerbungsunterlagen“

Im Einzelfall fordert das inserierende Unternehmen vom Bewerber auch das *Ausfüllen eines zugeschickten* ***Personal(frage)bogens***, mit dem Vermerk, diesen **lückenlos und wahr** ≅ ehrlich ausgefüllt zurückzusenden.

Das bedeutet, dass ein Bewerber eine Vielzahl von persönlichen Daten und Informationen mit dem **Schwergewicht seiner Zeugnisse** – in verschiedene Unterlagen verpackt – auf eine mehr oder weniger aussagefähige Stellenausschreibung hin einem ihm meistens unbekannten Arbeitgeber/-Vertreter zur Verfügung stellt, die dieser zu seiner ersten Vorauslese heranzieht und verarbeitet.

Viele Bewerber haben daher ein **unwohles oder unfaires Gefühl**, wenn sie ihre kompletten Bewerbungsunterlagen per Post oder per E-Mail versenden. Haben sie doch ein großes Stück ihrer Persönlichkeit preisgegeben, die sie allenfalls nur nahen Verwandten oder guten Freunden in dieser Ausführlichkeit offenbaren würden. Hierin sollte ein eventuell neuer Arbeitgeber einen **Vertrauensbeweis ihm gegenüber** sehen, der auch in seinem evtl. Absageschreiben mit Rücksendung aller ihm zugesandten Unterlagen (ohne das Anschreiben!) – ***einschließlich der beglaubigten Zeugnisse*** – zum Ausdruck kommen sollte.

Meiner Meinung nach sollte dieser Arbeitgeber – bzw. in seiner Vertretung ein Mitarbeiter aus seinem *HRM-Bereich* – dem abgesagten Bewerber ebenfalls bestätigen, dass außer seinem Bewerbungs-Anschreiben keinerlei Unterlagen und sonstige Daten in seinem Unternehmen mehr vorhanden bzw. diese gelöscht worden sind.

Die Fülle an Informationen, die ein Bewerber auf „Wunsch" eines suchenden Arbeitgebers von sich aus ihm erbringt, steht doch in keinem ausgewogenen Verhältnis zu dessen Personalanzeige und erst recht nicht, wenn dieser sich über eine Chiffre-Anzeige noch nicht einmal zu erkennen gibt.

Um dieses *Missverhältnis an einseitiger Informationsvorgabe* auszugleichen, gehen größere Unternehmen immer mehr dazu über, dass ein von ihnen bevollmächtigter *Unternehmens- oder Personalberater* dem Bewerber die Möglichkeit einer ersten Kontaktaufnahme einräumt. Durch dieses Vorgespräch können **Bewerbungs-Hemmschwellen seitens des Bewerbers über seine verschiedenen beruflichen Lebenswege** (Höhen und Tiefen) **und über seine ausgestellten Zeugnisse** abgebaut werden. Der oder die Bewerber/in ist von sich aus bereit, auf seine/ihre Stärken und Schwächen hinsichtlich der bisherigen Beurteilungen einzugehen.

Dieser *erste Kontakt* hatte in einer freundlichen und partnerschaftlichen Atmosphäre stattgefunden, und beide Gesprächspartner können bereits zu einer *Vorentscheidung* einer Übernahme gekommen sein, die erst durch den betreffenden Arbeitgeber nach dessen anschließendem Interview zur Übernahme zustande kommt oder nicht.

2. Der Personenkreis und sein Zeugnisanspruch

2.1 Der Personenkreis im Geltungsbereich des Arbeitsrechtes
– nach dem Stand von 2019 –

Grundsätzlich hat jeder Arbeitnehmer (AN) und Auszubildende (Azubi) ein Recht auf die Ausstellung eines **einfachen Zeugnisses**, das heißt auf einen **Nachweis über dessen** ausgeführte Tätigkeit (Art und Dauer der Beschäftigung bzw. der Ausbildung).

Auf seinen ausdrücklichen Wunsch hin hat ≅ **muss** der Arbeitgeber (AG) ihm dann ein **qualifiziertes Zeugnis** ausstellen, wenn er mindestens **die Probezeit** erfolgreich oder nicht erfolgreich **beendet** hat, spätestens dann also, wenn der AG zugleich auch als Ausbilder (Ausbildender) seine Entscheidung über den Verbleib des Mitarbeiters oder Auszubildende (Azubi) im Unternehmen fällt oder fällen muss.

2.1.1 Die Aus- und Weiterbildung

Im Arbeitsvertrag dient die Arbeitsleistung in erster Linie *Erwerbszwecken.* Daneben kann eine Weiterbildung durch Erwerb neuer beruflicher Fertigkeiten, Kenntnisse oder Erfahrungen beabsichtigt sein. Steht aber die Vermittlung dieser Fertigkeiten, Kenntnisse und Erfahrungen im Vordergrund der Arbeitsleistung, sodass die Arbeit nicht in erster Linie dem wirtschaftlichen Zweck des Unternehmens, sondern der **Ausbildung** dienen soll, liegt als Sonderfall des Arbeitsverhältnisses ein Ausbildungsverhältnis vor.

2.1.2 Das Berufsausbildungsverhältnis und Zeugnisansprüche

Das Ihnen nun schon ein wenig vertraute Berufsausbildungsverhältnis (früher Lehrverhältnis) hat eine breit angelegte Grundbildung und die für die Ausübung einer qualifizierten beruflichen Tätigkeit ① notwendigen fachlichen Fertigkeiten und ② Kenntnisse in einem ③ geordneten Ausbildungsgang zu vermitteln sowie ④ den Erwerb der erforderlichen Berufserfahrungen zu ermöglichen (§ 1 II BBiG). **Der Schwerpunkt liegt in der ⑤ betrieblichen Ausbildung**, die durch eine schulische Ausbildung ergänzt wird.

Anm. Die in kursiv notierten Vermerke sind zum besseren Verständnis der Leser in den Text der Paragrafen mit eingeschoben worden! Das Sonderzeichen ● bezieht sich auf einen neuen Satz oder Abschnitt des entsprechenden Paragrafen im Gesetzestext. Das Merkmal ≅ wird synonym auch anstelle des Wortes „entspricht“ im Text verwendet.

Nach § 16 (1) des BBiG (*Bundesbildungs-Gesetz*): ❶ Ausbildende (*Arbeitgeber und andere Bildungseinrichtungen*) haben den Auszubildenden bei der Beendigung des Berufsausbildungsverhältnisses ein **schriftliches Zeugnis** auszustellen. ❷ Die elektronische Form ist ausgeschlossen. ❸ Haben Ausbildende die Berufsausbildung nicht selbst durchgeführt, so soll auch der Ausbilder oder die Ausbilderin **das Zeugnis unterschreiben** *(für diesen Fall handelt es sich im allgemeinen Sprachgebrauch um ein **einfaches Zeugnis**).*

☛ **Nach § 16 (2):** ❶ Das Zeugnis muss (≅ *hat)* Angaben enthalten über Art, Dauer und Ziel der Berufsausbildung sowie über die erworbenen beruflichen Fertigkeiten und Kenntnisse der Auszubildenden. ❷ **Auf Verlangen Auszubildender** *(der Azubis)* sind auch **Angaben über** *(ihr)* **Verhalten und** *(ihre)* **Leistung** *(vom Ausbildenden / AG)* **aufzunehmen.**

(Anm. zu ❷:
Für diesen Fall handelt es sich im allgemeinen Sprachgebrauch und im Vergleich zu den Zeugnissen für Arbeitnehmer um ein ***qualifiziertes Zeugnis*** – dem Wortlaut der oben genannten Gesetzesnorm entsprechend – **nicht vom AG automatisch** so ausgestellt werden darf, sondern nur auf den **ausdrücklichen Wunsch der ausscheidenden Azubis**.

Meiner Meinung nach hat der Gesetzgeber das Auslassen dieser beiden Beurteilungskriterien deshalb so geregelt, weil die meisten jugendlichen Azubis in ihrem Charakter noch nicht so gefestigt sind und ihre Leistungen auch noch nicht denen der Erwachsenen gegenüber verglichen werden können. Denn ihr eigentliches Berufsleben beginnt ja erst im Regelfall nach ihrer Schulausbildung, Berufsausbildung und/oder erst nach ihrem Studium.

Bei den Berufsauszubildenden-Zeugnissen hat sich meiner Meinung nach der Gesetzgeber für das „Noch-Auslassen" der beiden o.g. Verhaltens- und Eignungsmerkmale entschieden und dem
Gebot des Wohlwollens gegenüber der vollständigen Wahrheitspflicht den Vorrang gegeben. „FAIR" – nicht?

2.1.3 Andere Ausbildungsverhältnisse / Das Praktikum

Auf andere Ausbildungsverhältnisse finden die privatrechtlichen Vorschriften auch über das Berufsausbildungsverhältnis (§§ 1-105 BBiG) mit der Maßgabe Anwendung, dass die gesetzliche Probezeit abgekürzt und auf die Vertragsniederschrift verzichtet werden *kann. Unter „anderen"* Ausbildungsverhältnissen versteht man zum Beispiel das *Praktikum,* das *Volontariat,* die *berufliche Fortbildung* oder *Umschulung.* Das *Praktikum* ist ein Ausbildungsverhältnis im Rahmen oder im Hinblick auf eine schulische (meist akademische) Ausbildung.

Es zielt also im Gegensatz zum Berufsausbildungsverhältnis auf eine **Teilausbildung,** da hier das schulische Ausbildungsverhältnis im Vordergrund steht.

2.1.4 Die Arbeitnehmer

① Arbeitnehmer ist, wer in einem privatrechtlichen Arbeitsverhältnis beschäftigt ist, d.h. nach der Eingliederung in eine Arbeitsorganisation ② fremdbestimmte Arbeit leistet. Gleichgültig ist, ob die Arbeit innerhalb der Betriebsstätte geleistet oder ob sie berufsmäßig ausgeübt wird. Entscheidend ist das ③ **Merkmal der Zuordnung**. Der Arbeitnehmer ist der Mitarbeiter, der seine Dienstleistung im Rahmen einer ④ von dem Dritten bestimmten Arbeitsorganisation erbringt. ⑤ Die Eingliederung in die fremde Arbeitsorganisation zeigt sich besonders darin, dass eine ⑥ Beschäftigung hinsichtlich Zeit, Ort und Dauer der Ausführung der versprochenen Dienste einem ⑦ umfassenden Weisungsrecht unterliegt. (DB 1996, S. 382)

Einige Personengruppen arbeiten zwar *nicht in persönlicher Abhängigkeit*, befinden sich aber *in starker wirtschaftlicher Abhängigkeit* von oder zu einem anderen Unternehmen, sodass sie gewissen anderen Schutzvorschriften des Arbeitsrechtes unterstellt sind. Hierunter fallen z.B. in *Heimarbeit Beschäftigte, einkommenschwache Ein-Firmen-Vertreter* sowie ständig beschäftigte *freie Mitarbeiter der Massenmedien und die freien Lehrer und Dozenten*, sofern sie einkommensmäßig von einem Vertragspartner abhängig sind, auf die in diesem Buch nicht mehr weiter verwiesen wird.

2.1.5 Die Pflicht zur Zeugniserteilung

Grundsätzlich sei bemerkt, dass sich die ***Pflicht zur Zeugniserteilung*** aus verschiedenen Anspruchsnormen für ganz bestimmte Personenkreise herleitet, zum Beispiel aus § 630 BGB in Verb. mit §611a, § 109(1-3) GewO und §16 BBiG. (Vgl. die nächste Seite auf *Abb. 2*)

Der Gesetzgeber geht in diesen drei Gesetz-Ansprüchen davon aus, ***dass das Zeugnis bei der Beendigung eines, Dienst-,Arbeits- oder Ausbildungsverhältnisses*** schriftlich ausgestellt werden muss, wenn der AN dies verlangt oder aufgrund von ❶ Rechtsvorgaben, *die Sie ja zum Teil schon gelesen und kennengelernt haben* – oder aufgrund eines ❷Tarifvertrages, einer ❸ Betriebsvereinbarung oder eines individuellen ❹ Arbeitsvertrages oder eines sonstigen ❺ Rechtsanspruch auf die Ausstellung herleiten kann.

> Auf Verlangen des Arbeitnehmers und des Auszubildenden und des Praktikanten ist das Zeugnis – *hier im Sinne des einfachen Zeugnisses* – zusätzlich auf die Leistung und Führung und auf die fachliche Fähigkeit *auszudehnen,* was arbeitsrechtlich als *qualifiziertes Zeugnis* verstanden wird.

2.2 Zeugnis-Anspruchsnormen

Zur schnelleren Übersicht und als Merkblatt finden Sie auf der folgenden Seite in der Abbildung (*Abb. 2*) *eine Aufstellung verschiedener Personenkreise mit den ihren zugehörigen unterschiedlichen Anspruchsnormen*, das Ihnen das Vertiefen in die gesetzlichen Vorschriften ermöglichen soll.

Zeugnis–Anspruchsnormen

Bestimmungen / Differenzierung	① Sonder-Bestimmung(en)	② Allgemeine Bestimmung	③ Sonder-Bestimmung
Rechtsanspruch	**§ 630 BGB** in Verbindg. mit **§ 611a**	**§ 109(1-3) GewO**	**§ 16 BBiG**
Dienst-, Arbeits- und Ausbildungs-verhältnisse	**Dienstverhältnisse**	**Arbeitsverhältnisse**	**Berufsausbildungs-verhältnisse**
Personenkreis	freie Berufe , AN-ähnliche Personen u.a. ohne Weisungsbefugnis des Dienstvergebers	Arbeitnehmer ≅ kaufm. + technische Angestellte, Handlungsgehilfen und Werkstudenten und Aushilfen, Praktik wenn Tätigkeit im Vordergrund steht.	Berufsauszubildende kaufmänn.+ gewerbliche und landwirtschaftliche Berufs-Azubis + Praktik.
	*Überwiegt die Weisungs-Befugnis, dann Wechsel zum Arbeitsverhältnis		
Ausstellungszeit-punkt	bei der Beendigung eines dauernden Dienstverhältnisses	bei der Beendigung eines Arbeitsverhältnisses	bei Beendigung der Berufsausbildung
Pflicht bzw.Wahl	kann ≅ auf Wunsch	hat Anspruch auf ≅ auf Wunsch	haben Ausbildende! =AG
berechtigte Person	der zum Dienst Verpflichtete	der Arbeitnehmer	den Auszubildenden
Zeugnisart*	ein schriftliches Zeugnis ausstellen lassen über	ein schriftliches Zeugnis über....	ein schriftliches Zeugnis auszustellen über
Zeugnisinhalt* ≅ „einfaches" Z.	das Dienstverhältnis und die Dauer.	Art und Dauer der Tätigkeit (einfaches Zeugnis).	Art, Dauer und Ziel der in der Berufsausbildung er-erworbenen beruflichen Fertigkeiten + Kenntnisse
Erweiterungs-anspruch ≅ qualifiziertes Z.	Nur wenn es in ein Arbeitsverhältnis umgewandelt ist!	Der AN kann verlangen, dass sich die Angaben darüber hinaus auf *Leistung und Verhalten im AV* (qualifiziertes Zeugnis) erstrecken.	Auf Azubi-Verlangen sind i.d. Zeugnis aufzunehmen *Verhaltung und Leistung*

Abb. 2: Zeugnis-Anspruchsnormen

Anm.: Sonderform in der Gew.O. § 109 (2):

Das Zeugnis muss klar und verständlich sein. Es darf **keine Merkmale oder Formulierungen** enthalten, die den Zweck haben, eine andere als aus der **äußeren Form** oder **aus dem Wortlaut ersichtlichen Aussage** über den Arbeitnehmer zu treffen (Gem. Gew.O. § 109 (3))

Die Erteilung des Zeugnisses **in elektronischer Form** ist ausgeschlossen!

3. Zeugnisarten und -aufbau

3.1 Schematischer Aufbau von Zeugnissen

Es gibt bisher noch keine einheitlich vorgeschriebenen, gesetzlichen, tariflichen oder einzelvertraglichen Muster über den *Aufbau* und die *Gliederung von Zeugnissen*, mit Ausnahme der behördlichen – auf die Bundesländer bezogenen – **Schulzeugnisse.**

In größeren Unternehmen und auch in verschiedenen KUM-Betrieben, werden durch ihre *Öffentlichkeits- und Werbeabteilung* Prospekte, Flyer, Produktanzeigen mit einem immer wiederkehrende Logo, Slogan und Werbesprüchen veröffentlicht.

In enger Zusammenarbeit mit dem betrieblichen *Personalwesen,* d.h. mit ihrem *HRM*-Bereich (*Human-Resources Management)* werden zum Beispiel **interne** Hausmitteilungen und Aushänge, Betriebszeitungen und Plakate für ihre eigenen Veranstaltungen hergestellt. **Extern** wird in den Medien über ihre betriebseigenen Aus- und Weiterbildungsmöglichkeiten und Arbeitsplatzangebote in ihren Personalanzeigen und bei sonstigen Veröffentlichungen über ihre Industrie- und Handwerkskammern oder auf Arbeits-Messen Werbung gemacht. Kleinere Firmen und Handwerksbetriebe, die aus Kostengründen noch nicht so viele Öffentlichkeitsaktivitäten machen können, wenden im Allgemeinen ihre *Firmenbögen* als Dokument für ihre allgemeinen ZEUGNISSE an.

Der **schematische Aufbau von Zeugnissen** hat sich im Laufe der Jahrzehnte rückblickend bis auf die Jahrhundertwende – möglicherweise ausgehend vom *Schema der Schulzeugnisse* ergeben und eingebürgert. Er bietet den Vorteil, dass Zeugnisse innerhalb eines Betriebes oder auch außerhalb mit anderen Zeugnissen vom Inhalt, von der Aussage und von der Benotung her verglichen werden können, ähnlich dem Aufbau von betrieblichen *Personalfragebögen* oder *Personalanzeigen.* Der schematisierte Aufbau erleichtert dem Leser ein schnelleres Auffinden von wesentlichen Daten zur eigenen Entscheidungsfindung.

Die nun folgende Abbildung *Abb. 3.1* zeigt den schematischen Aufbau eines *einfachen Zeugnisses.* Die linke Hälfte des Musters bezieht sich auf die Mindestangaben, die von einem Zeugnis verlangt werden, und die rechte Hälfte bezieht sich auf die notwendigen Erläuterungen, auf die zum Teil noch in den folgenden Kapiteln eingegangen wird.

Die Abbildungen *Abb. 3.2 – 3.4* zeigen den Aufbau eines *qualifizierten Arbeits-/Dienstzeugnisses,* den Aufbau eines *Berufsausbildungszeugnisses* und den Aufbau eines *qualifizierten Praktikanten-Zeugnisses.*

Schriftliche Zeugnisse ja oder nein?

Bisher gab es noch gesetzliche Unterschiede in den nachfolgenden Zeugnismustern mit der Frage, ob diese Zeugnisse auch alle „schriftlich" vorgenommen werden müssen, insbesondere die *qualifizierten Endzeugnisse*? Diese bestehen nun nicht mehr, wie Sie dieses auch aus den folgenden Mustern erkennen können.
Früher hatten Arbeitgeber anstelle des Zeugnisses eine *Arbeitsbescheinigung* mit einer separaten *Beurteilung* den ausscheidenden Mitarbeitern in die Hand gedrückt.

Einfaches Zeugnis

Jedes Zeugnis muss als Mindestangaben erhalten:	**Erläuterungen: Achtung!** Die Formulierung des Zeugnisses ist ausschließlich Sache des Arbeitgebers!
❶ **Name und Geschäftssitz des Arbeitgebers** (Firma)	Volle Anschrift und Betriebsteil (Tochtergesellschaft)
❷ **Kennzeichnung als Zeugnis oder Zwischenzeugnis**	Ist notwendig, um die Bedeutung der Unterlage als Zeugnis herauszustellen.
❸ **Persönliche Daten des Arbeitnehmers**	Vor- und Zuname, evtl. Geburtsname, akademischer Grad, Titel und Geburtsdatum (evtl. mit Geb.-Ort)
❹ **Art der Beschäftigung** (auch des Ruhens!) Genaue und vollständige Beschreibung der einzelnen wesentlichen, charakteristischen Tätigkeiten und Aufgaben, die ein Urteil über die Kenntnisse und Leistungsfähigkeiten des Arbeitnehmers erlauben. Ein Dritter muss sich ein klares Bild vom Gesamtumfang der Tätigkeit machen können.	Typische Merkmale der übertragenden Tätigkeiten. Berufs- und firmeninterne Arbeitsbezeichnung, Fachrichtung, Abteilung und anvertraute Maschinen. Spezifizieren! Vorwiegend im kfm./ technischen Bereich (nicht nur Stenotypistin), sondern Sachbearbeiterin oder Sekretärin im HRM-Personalbereich. Selbständigkeitsgrad und Bedeutung oder Einfluss für das Unternehmen nennen.
❺ **Dauer der Beschäftigung** Auskunft über die gesamte rechtliche Dauer des AV: ● **Eintrittsdatum** und ● Zeiten der tatsächlichen Beschäftigung ● Unterbrechung von langer Dauer (Studienzweck, Wehrdienst, Auslandsaufenthalt, Tochtergesellschaft, Familienerziehung, Krankheit, Haft etc.) ● **Austrittstermin**	Hier müssen auch Daten innerbetrieblicher Um- bzw. Versetzungen angegeben werden, wenn sie für das Arbeitsverhältnis von wesentlicher und nicht nur von unbedeutender Dauer waren.
❻ **Austrittsgrund**	Beim einfachen Zeugnis in der Regel nicht, Ausnahmen sind möglich (Firmenbankrott, pers. Gründe).
❼ **Ort und Datum der Ausstellung**	Problem der Vor- oder Nachdatierung! Die Parteien können ein gemeinsames Ausstellungsdatum vereinbaren.
❽ **Autorisierte Unterschrift**	Unterschrift des oder der Arbeitgeber oder des Vertreters. Die Vertretungsvollmacht muss durch Vollmacht erkennbar sein (GF, Prokurist, Handlungs-Vollmacht).

Abb. 3.1: Aufbau eines einfachen Arbeits-/Dienstzeugnisses

Qualifiziertes Zeugnis

Inhalt Ist deckungsgleich mit den Mindestangaben des einfachen Zeugnisses, jedoch mit Ergänzungen!	**Erläuterungen: Achtung!** Die Formulierung des Zeugnisses ist ausschließlich Sache des Arbeitgebers!
❶ **Name und Geschäftssitz des Arbeitgebers**	wie bei Abb.3.1 >>Einfaches Zeugnis<<
❷ **Kennzeichnung als Zeugnis oder Zwischenzeugnis**	wie bei Abb.3.1 >>Einfaches Zeugnis<<
❸ **Persönliche Daten des Arbeitnehmers**	wie bei Abb.3.1 >>Einfaches Zeugnis<<
❹ **Art der Beschäftigung**	wie bei Abb.3.1 >>Einfaches Zeugnis<<
❺ **Dauer der Beschäftigung**	wie bei Abb.3.1 >>Einfaches Zeugnis<<
❻ **Führung + Verhalten** - äußeres Verhalten - Benehmen des AN im Betrieb - Einfügen in den betrieblichen Arbeitsablauf - Führungsverhalten - Einstellung zum Unternehmen - Außenwirkung (auch in der Privatsphäre des Leitenden Angestellten (L.A.s)	Pünktlichkeit, Verlässlichkeit, Ausstrahlung etc. Verhalten gegenüber Vorgesetze(n), Kollegen und Mitarbeitern Verhalten gegenüber internen und externen Stellen. Personalführung, Eigenmotivation + Eigeninitiative. Grundsätzlich positive Einstellung zum Unternehmen, zu den Produkten, zu den Unternehmenszielen u.a. Zusammenarbeit mit externen Stellen wie Behörden, Muttergesellschaft, Kunden, Lieferanten etc.
nicht berücksichtigen!!! **Ausnahme: freigestellte BR-Mitglieder** ⟷	Weltanschauung, parteipolitische Betätigungen, Gewerkschaftszugehörigkeit und/oder Betriebsratsmitglied, nur wenn der AN dieses will!
❼ **Leistung** Berufliche Kenntnisse, Fähigkeiten u. Fertigkeiten	Qualität und Quantität der auszuführenden Arbeiten. Geschicklichkeit, Sorgfalt, Belastbarkeit, Vermittlung von Kenntnissen an andere, Einsatzbereitschaft und fachliche Qualifikationen.
❽ **Austrittsgrund**	Persönliche Gründe des AN, wenn er das möchte! Betriebliche Gründe, soweit der AG dadurch nicht zu Schaden kommt oder in den Misskredit gerät.
❾ **Ort und Datum der Ausstellung**	wie bei Abb.3.1 >>Einfaches Zeugnis<<
❿ **Autorisierte Unterschrift**	wie bei Abb.3.1 >>Einfaches Zeugnis<<

Abb. 3.2: Aufbau eines qualifizierten Arbeits-/Dienstzeugnisses

Qualifiziertes Ausbildungszeugnisses

Inhalt Ist deckungsgleich mit den Mindestangaben des einfachen Zeugnisses, jedoch mit Ergänzungen!	**Erläuterungen: Achtung!** Die Formulierung des Zeugnisses ist ausschließlich Sache des Arbeitgebers!
❶ **Name und Geschäftssitz des Arbeitgebers**	Volle Anschrift + Betriebsteil. Ist während des Ausbildungszeitraumes in einer anderen Tochter- oder in der Muttergesellschaft ausgebildet worden, dann unter ❹ und ❺ vermerken bzw. einfügen.
❷ **Kennzeichnung des Zeugnisses als Ausbildungs- oder Berufsausbildungszeugnis**	Ist notwendig, um die Abgrenzung des Ausbildungs- zum Berufsausbildungs-Zeugnis herauszustellen!
❸ **Persönliche Daten des Arbeitnehmers**	fast wie bei Abb. 3.1 + 3.2
❹ **Ausbildungsstationen und Darstellung der wesentlichen erlernten Aufgaben, Kenntnisse und Fertigkeiten, die vermittelt worden sind.**	Da es viele Ausbildungsrahmenpläne gibt, bedingt durch die Vielzahl an Ausbildungsberufen, ist eine Bewertung der gewonnenen Kenntnisse und Fertigkeiten notwendig, damit branchenfremde Firmen sich ein Bild von dem Ausbildungsrahmen machen können. Verschiedene Firmen händigen mit dem Abschluss-Zeugnis auch den Rahmenplan mit aus.
❺ **Dauer der Ausbildung/Berufsausbildung** Die gesamte rechtliche Dauer der Ausbildungszeiten angeben	Auf eine vorzeitige Beendigung der Berufsausbildung dann hinweisen, wenn sie in Bezug auf die im Vertrag festgelegte Ausbildungszeit um ein halbes Jahr verkürzt wurde. Gründe angeben! Auf ein zuvor ausgestelltes Zwischenzeugnis nicht verweisen, wenn das End-/Abschlusszeugnis ausgestellt worden ist.
❻ **Führung, Leistung und fachliche Fähigkeiten**	Wie bei Abb.3.2. Zusätzlich sollte noch auf das Verhalten gegen die Personal- und Ausbildungsleitung, die Disziplinargewalt ausüben, und den Vor-Ort-Ausbildern gegenüber hingewiesen werden.
❼ **Beendigung der Ausbildung bzw. Berufsausbildung** Entweder mit dem Ablauf der Berufsausbildung per Vertrag ohne Abschluss oder mit dem erfolgreichen Prüfungsabschluss.	Genauen Prüfungstermin vor der Industrie- und Handelskammer oder der Handwerkskammer o.ä. angeben. Sofern Übernahme als AN im selben Betrieb, bitte unbedingt mit Arbeitsplatz angeben.
❽ **Ort und Datum der Ausstellung**	Grundsätzlich identisch mit der Beendigung der Ausbildung bzw. der Berufsausbildung
❿ **Autorisierte Unterschrift**	Unterschrift des Arbeitgebers = Ausbildenden. In größeren Firmen der Leiter HRM oder der Leiter Ausbildung (*Wissensmanagement*), in kleineren der Inhaber und der Meister.

Abb. 3.3: Aufbau eines qualifizierten Ausbildungszeugnisses

Qualifiziertes Praktikantenzeugnisses
(im Bereich des BBiG, wenn das Praktikum mehrheitlich der Ausbildung zuzuordnen ist!)

Inhalt	Erläuterungen
❶ Name und Geschäftssitz des Arbeitgebers	Volle Anschrift + Betriebsteil. Ist während des Praktikum-Zeitraumes in einer anderen Tochter- oder in der Muttergesellschaft ausgebildet worden, dann unter ❹ und ❺ vermerken bzw. einfügen.
❷ Kennzeichnung des Zeugnisses als Praktikanten-Zeugnis	Ist notwendig, um die Abgrenzung zum Ausbildungs- und zum Berufsausbildungs-Zeugnis herauszustellen!
❸ Persönliche Daten des Praktikanten	fast wie bei Abb. 3.1 + 3.2
❹ Praktikumsstationen und Arbeitsbereiche, Darstellung der wesentlichen erlernten Aufgaben, Kenntnisse und Fertigkeiten, die vermittelt worden sind.	Auf Schwerpunkte des Praktikums hinweisen und welche beruflichen Kenntnisse und übernommenen Aufgaben und Verantwortungen auch im späteren Leben umgesetzt werden können. Auf Auslandsaufenthalte und Sprachen unbedingt hinweisen.
❺ Dauer der Tätigkeiten + Praktikumsstationen Die gesamte rechtliche Dauer angeben	Auf eine vorzeitige Beendigung des Praktikums dann hinweisen, wenn es in Bezug auf die im Vertrag festgelegte P.-Zeit wesentlich verkürzt wurde. Gründe angeben! Auf ein zuvor ausgestelltes Zwischenzeugnis nicht verweisen, wenn das Endzeugnis ausgestellt wird.
❻ Leistung und fachliche Fähigkeiten	Wie bei Abb.3.2. Zusätzlich sollte noch auf das Verhalten gegenüber wichtigen Personen in seinen Praktikums-Bereichen hingewiesen werden. Sofern Übernahme des Praktikanten als AN, bitte unbedingt auf zukünftigen Arbeitsplatz verweisen.
❼ Beendigung des Praktikums Entweder mit dem Ablauf des Praktikums per Vertrag oder vorher.	Identisch mit den vertraglichen Regelungen. Dann, wenn möglich, Gründe mit dem Einverständnis des Praktikanten angeben, z.B. „aus privaten Gründen".
❽ Ort und Datum der Ausstellung	Hauptstandort bzw. Ort, wo die meisten Einsätze stattgefunden hatten. Datum: Der letzte Tag des Praktikums
❿ Autorisierte Unterschrift	Unterschrift des Arbeitgebers. In größeren Firmen i.d.R. der Leiter HRM oder Ausbildung, in kleineren Unternehmungen der Inhaber oder sein Stellvertreter und der Meister.

Abb. 3.4: Aufbau eines qualifizierten Praktikantenzeugnisses

3.2 Äußere Gestaltung des Zeugnisses und Formalismen

Ausbildungs- und Arbeits-Zeugnisse begleiten den Arbeitnehmer während seines gesamten wirtschaftlich abhängigen Berufslebens. Sie werden im Allgemeinen wie ein ***Zertifikat*** angesehen. Vorläufer einer erfolgreich abgeschlossenen Berufsausbildung – früher *Lehre* genannt – waren die von den Handwerkskammern nach einer erfolgreich abgeschlossenen Berufsausbildung *(mit der Gesellenprüfung)* und vielmehr noch *mit dem Erreichen des Meister-Titels* **ausgestellten Urkunden**. Sie sind heute noch in vielen Friseur-Geschäften, Optiker-Läden, Bäckereien, Gaststätten, Gourmet-Tempeln etc. für alle Kunden eingerahmt sichtbar. Auf der einen Seite sollen sie jedem Einzelnen bekunden, dass sie von einem *Meister* oder von einer *Meisterin* bedient werden, die ihre Tätigkeiten und Erfahrungen nun amtlich nachgewiesen haben und ebenfalls als Arbeitgeber/in für alle in ihrem Geschäft und in ihrem betrieblichen Umfeld die Risiken tragen, und als *Vorbild* auch die Verantwortung für ihr eigenes Personal übernehmen, und die von nun an auch ihr Personal in Theorie und Praxis ausbilden, und ihre Mitarbeiter auch auf die Prüfungen vorbereiten.

Die *Industrie- und Handelskammern* nehmen – ähnlich wie die *Handwerkskammern* im gewerblichen Bereich – die Abschlussprüfungen vorwiegend *im kaufmännischen Bereich,* zum Beispiel für die Einzelhandels-, Großhandels- und Industriekaufleute (um nur einige zu nennen) ab, die meistens im Rahmen auch ihrer dualen Berufsausbildung mit dem *Abschlusszeugnis* nach bestandener Prüfung den Prüflingen aushändigt werden und jedem neuen Arbeitgeber bekunden, dass diese über alle während ihrer Berufsausbildung verlangten Fertigkeiten und Kenntnisse verfügen. Dieser **Fähigkeits-Nachweis** sieht zwar nicht ganz so schön und erhaben wie die *Meister-Titel-Zeugnisse* aus, aber hebt sich von den ganz normalen Betriebszeugnissen auch als **Urkunde** ab.

Nur der guten Ordnung halber weise ich auch daraufhin, dass es noch eine Vielzahl von anderen Kammern gibt, die z.B. für zukünftige Rechtsanwälte und Steuerberater die Prüfungen abnehmen mit dem Zertifikat der nachgewiesenen Berufsbezeichnung. Ganz zu schweigen von den akademischen Graden und Titeln an den Fachhochschulen und Universitäten, die selbstverständlich anders aussehen als die ganz *normalen Abschluss-Zeugnisse* und ein stärkeres Gewicht sowohl für den Inhaber als auch für den neuen Arbeitgeber haben.

Ich habe mich daher bei der Vielfalt aller ausgestellten Zeugnisse, Gesetze, Rechtsauffassungen und -auslegungen mehrheitlich auf den kaufmännischen, betrieblichen Bereich konzentriert, den Sie ja schon auf den bisherigen Seiten ein wenig kennengelernt haben. Die Zeugnisse im wirtschaftlichen Leben sollten meiner Ansicht nach auch wie **eine betrieblich ausgestellte Urkunde im Sinne einer Anerkennung** des Arbeitgebers oder Ausbildenden gegenüber seinen Azubis oder Arbeitnehmern aussehen und ein **Gesamtbild** darstellen.

Sie werden heutzutage nach einem *betrieblich einheitlichen Vordruck* – der im Allgemeinen an keine Normen angepasst ist oder werden muss – im Rahmen eines *Baukastensystems* am PC entworfen, geändert, hervorgehoben und im Normalfall mit gleichen Schriftarten, Zeichen und Symbolen **bündig zusammengestellt**; also nicht mit flatternden, nur linksbündigen Zeilen. Bereits **die äußere Gestaltung** (Aufmachung eines Zeugnisses) kann dem betroffenen Leser oder auch Dritten gegenüber einen ersten positiven oder negativen Eindruck über den Bewerber vermitteln und/oder gleichermaßen auch über seinem das Zeugnis ausstellenden früheren Arbeitgeber. Die äußere Erscheinung eines Bewerbers bleibt ja auch nicht ohne Wirkung.

Unter **„richtig ausstellen"** versteht man das ❶ Einhalten von Ausstellungsfristen, von – sofern vorhanden – ❷ vorgedruckten Zeugnisformularen oder ❸ Firmendrucken, dem ❹ chronologischen Aufbau des Inhaltes, eine ❺ saubere Schriftform ❻ ohne Korrekturen, die gesetzlichen und privatrechtlichen Mindestanforderungen genügen müssen, und ❺ zeichnungsberechtigte Unterschriften mit ❻ dem korrekten Ausstellungsdatum, ein ❼ ordnungsgemäßes und fristgerechtes Aushändigen der Unterlage und last but not least ❽ offensichtliche – wenn auch nicht unbedingt einklagbare – Mängel dem Zeugnis anhaften und durch eine neues, letztes nachgebessertes Zeugnis ersetzt werden müssen. Daher sollten einige <u>Verhaltensmaßregeln und Formalismen</u> seitens des Arbeitgebers bzw. seines Vertreters eigehalten werden, die keinen großen Aufwand darstellen, jedoch in ihrer Wirkung nicht zu unterschätzen sind, wie:

① Kennzeichnung des **Zeugnisses** als solches oder als **Zwischenzeugnis,**

② Zeugnis nicht per Hand, sondern mit dem PC bei Einhalten der Schriftart und -größe anfertigen,

③ eine einheitliche, neutrale, aufgelockerte und flüssige Sprache verwenden,

④ den gesamten Inhalt in **Abschnitte** unterteilen und Zeilen bündig einhalten, das heißt nicht bis an den Rand schreiben, wie zum Beispiel:

1. Abschnitt: *Persönliche Daten*, Eintrittstermin, Betriebsstätte, Arbeitsplatz, Berufs- und Tätigkeitsbezeichnung,
2. Abschnitt: *Kennzeichnung der fachlichen Aufgaben* und des Verantwortungsspielraumes (*Funktion)*,
3. Abschnitt: *Aufgliederung der einzelnen Stationen* des Arbeits- oder Ausbildungsverhältnisses in Unterabschnitte mit Bezeichnung der jeweiligen *Aufgaben und Verantwortlichkeiten,*
*Umschulungsmaßnahmen (*Art, Ort, Dauer und Abschluss),
Versetzungen (Art, Ort, Dauer und Abschluss),
Auslandseinsatz oder Wechsel von der Muttergesellschaft zur Tochtergesellschaft (Art, Ort und Übernahme von neuen Funktionen),
Beförderungen bzw. Ernennungen (Art, Ort, Zeit und Funktion/Titel)
4. Abschnitt: Hinweis auf wesentliche *Arbeitsunterbrechungen*, auf zusätzliche *Lehrgänge und Prüfungen* sowie ggf. auf *Ehrenämter*, sofern diese für das jeweilige Arbeitsverhältnis (AV) und die Gesamtbeurteilung von Bedeu tung sind und vom Arbeitnehmer auch gewünscht werden!
5. Abschnitt *Beurteilung* über die *fachlichen Fertigkeiten und Kenntnisse*, über die Ausübung der einzelnen *Aufgaben und Schwerpunkte* und über deren *Qualität und Quantität* sowie die *Einhaltung wichtiger Termine* etc.
6. Abschnitt *Beurteilung* über Führung und Verhalten: Zuerst immer dem Vorgesetzten gegenüber, dann den Kollegen, Kunden und anderen internen und externen Stellen.
7. Abschnitt *Gesamteindruck* von dem MA zusammenfassen und möglicherweise Empfehlungen aussprechen, aber nur im positiven Sinne!
8. Abschnitt *Austrittsdatum und -gründe*, soweit erforderlich oder im Sinne des MA wünschenswert bezeichnen, verbunden mit dem Dank für seine/ihre aktive Mitarbeit und Anerkennung für gezeigte Leistungen sowie beste Wünsche für die weitere berufliche und/oder die private Zukunft.
9. Abschnitt *Ausstellungsort und -datum* kennzeichnen sowie leserliche *Unterschrift* des Unterzeichnenden bzw. seines Vertreters mit Hinweis auf seine Kompetenz, zum Beispiel durch Titel oder Unterschrifts-Vollmacht o.ä. <u>und dokumentenechte, persönliche Unterschriften. Nicht Faksimile!</u>

Hierzu noch einige wichtige Ergänzungen und Änderungsvorschläge:

➊ Änderungen und Ergänzungen oder Korrekturen als AG oder Ausbildender nicht nachträglich oder handschriftlich in das Zeugnis einfügen, da sie den Verdacht hegen, dass der AN oder Azubi diese selbst vorgenommen haben könnte.

➋ Keine Radierungen vornehmen; sofern Tippfehler, dann nicht mehr nach der Übergabe nachträglich korrigieren, sondern neues Abschluss-Zeugnis schreiben mit neuem Ausstellungsdatum und dieses gegen das bisherige Zeugnis aushändigen. Altes Zeugnis vom AN bzw. Azubi dann vernichten.

➌ Das Zeugnis entweder persönlich durch den Vorgesetzten oder durch MA aus dem HRM-Bereich gegen MA-/Azubi-Quittung im Unternehmen aushändigen.

➍ Das Abschluss-Zeugnis unterliegt einer **Hol-Schuld** des ehemaligen Azubis oder MA. Sofern jemand z.B. aus Krankheitsgründen, Auslandsaufenthalt oder Umzugs (also aus privaten oder beruflichen Gründen) verhindert ist, sein Zeugnis abzuholen und schriftlich oder per E-Mail um die Zusendung bittet, dann empfehle ich, diesem Wunsch per Einschreiben nachzukommen und die Zeugniskopie mit Vermerk und dem Postnachweis der Personalakte zufügen. Befolgen Sie die nach dem Datenschutzgesetz dann auch die Ihnen auferlegten Löschungsvorschriften.

Bitte beachten Sie noch Folgendes hinsichtlich der Lückenlosigkeit des Zeugnisses:

➎ **Nicht in das Zeugnis sind aufzunehmen:**

- Tätigkeiten, die ohne Bedeutung sind (sonst evtl. versteckter Zeugnis-Code!)
- Krankheiten, die nicht von längerer Dauer waren, Urlaub, Streik, Aussperrung oder Bildungsurlaub und Sonderurlaub, sofern sie nicht der Grund des MA-Austrittes waren.
- Eine Betriebsratstätigkeit (z.B. die des BR-Vorsitzenden), jedoch mit der *Ausnahme seiner Freistellung,* weil er ja ständig sein Amt ganztägig ausgeübt hatte.

Für diesen Fall hatte ich einem ausscheidenden BR-Vorsitzenden ein qualifiziertes Zeugnis ausgestellt und ihm nicht nur seine guten Kenntnisse auf verschiedenen Rechtsgebieten bescheinigt, sondern auch seine kollegiale und besonnene Art allen Mitarbeitern und der Geschäftsleitung und ihren Führungskräften gegenüber bescheinigt und ihm noch ein Dankesschreiben von dem Inhaber des Unternehmens bei seiner vom Unternehmen ausgerichteten Abschiedsfeier ausgehändigt!

Anm.: Hätte dieser ehemalige BR-Vorsitzende, der ein treuer Gewerkschaftler war und danach eine Position in seiner Gewerkschaft übernahm, den Wunsch geäußert, aus diesem Grunde *ein nicht ganz so AG-freundliches Endzeugnis* zu erhalten, weil möglicherweise seine Gewerkschaftskollegen dieses falsch verstanden haben könnten, hätte ich ihm auch für diesen speziellen Fall ein „neutraleres" Zeugnis ausgehändigt, weil wir beide **fair** waren und jeder es auch noch weiter bleiben wollte.

3.3 Das Ausstellen eines Zwischenzeugnisses

Das Zwischenzeugnis ist von der Form, von dem Aufbau und von dem Inhalt her gesehen genauso gestaltet wie das Endzeugnis, gleichgültig, ob es sich um ein *einfaches* oder um ein *qualifiziertes Zeugnis* handelt. Es ist, was die derzeitige Tätigkeit betrifft, *im Präsens* geschrieben. Es braucht nicht der Grund angegeben werden, warum es zwischenzeitlich erstellt worden ist oder war, es kann aber auf Wunsch des Arbeitnehmers wegen seines Arbeitsplatzwechsels oder beim Ortswechsel und bei der Übertragung von ganz anderen Aufgaben in einem anderen Firmenbereich.

Für solche Fälle habe ich dem wechselnden Mitarbeiter angeboten, **anstelle eines Zwischenzeugnisses sich eine verbindliche Beurteilung seines noch jetzigen Vorgesetzten erstellen zu lassen**, die dann in das später ausgestellte Endzeugnis, weil er mit ihr recht zufrieden war und deren Inhalte er auch akzeptierte, einfließen wird.

WARUM?

Damit er nicht in den Verdacht oder in den Verruf gerät, ohnehin bald das Unternehmen verlassen zu wollen. Es sei denn, dass er bereits vielen Mitarbeitern oder Kollegen gegenüber schon von sich aus seinen Abkehrwillen laut geäußert hatte.

Es ist abschließend – nach herrschender Rechtsmeinung – noch nicht geklärt, **wann <u>generell</u>** ein **Zwischenzeugnis** zu erteilen ist, wenn der einzelne Arbeitnehmer nicht seinen Anspruch – wie andere Arbeitnehmer auch – ❶ individuell arbeitsvertraglich geregelt, ❷ per Betriebsvereinbarung festgelegt oder eindeutig im ❸ Manteltarifvertrag definiert, hieraus herleiten kann.

> In jeden Fall wird jedes kleine, mittlere oder große Unternehmen *Zwischenzeugnisse* dann ausstellen, wenn bereits ein ***Konkursverfahren*** des Unternehmens eingeleitet, oder offiziell und öffentlich ein ***Personalabbau*** angedroht oder beschlossen worden ist.

Nach den Vorschriften des BGB besitzt der Arbeitnehmer <u>nur dann einen **durchsetzbaren Anspruch** auf ein Zwischenzeugnis,</u> wenn:

- sich das Vertragsverhältnis im *Kündigungszustand* befindet, von welcher Seite die Kündigung auch erfolgt ist, oder
- durch *Aufhebungsvertrag* die nahe Beendigung in Aussicht steht.

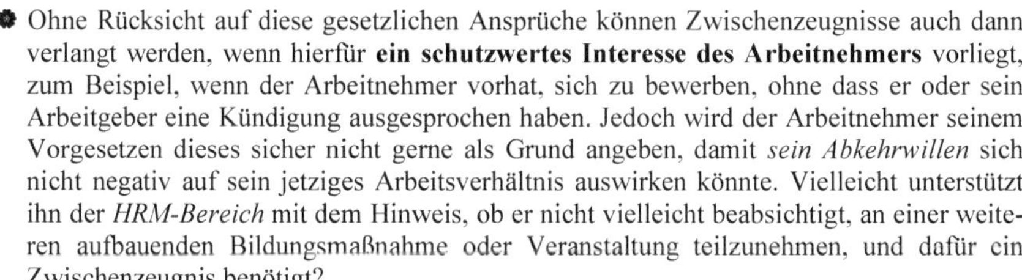

- Ohne Rücksicht auf diese gesetzlichen Ansprüche können Zwischenzeugnisse auch dann verlangt werden, wenn hierfür **ein schutzwertes Interesse des Arbeitnehmers** vorliegt, zum Beispiel, wenn der Arbeitnehmer vorhat, sich zu bewerben, ohne dass er oder sein Arbeitgeber eine Kündigung ausgesprochen haben. Jedoch wird der Arbeitnehmer seinem Vorgesetzen dieses sicher nicht gerne als Grund angeben, damit *sein Abkehrwillen* sich nicht negativ auf sein jetziges Arbeitsverhältnis auswirken könnte. Vielleicht unterstützt ihn der *HRM-Bereich* mit dem Hinweis, ob er nicht vielleicht beabsichtigt, an einer weiteren aufbauenden Bildungsmaßnahme oder Veranstaltung teilzunehmen, und dafür ein Zwischenzeugnis benötigt?

Das Zwischenzeugnis ist bei der Beendigung einer Berufsausbildung oder bei einem Arbeitsverhältnis <u>durch das endgültige Zeugnis zu ersetzen,</u> in dem alle neben- oder nacheinan-

der ausgeübten Tätigkeiten und Fertigkeiten insgesamt gewürdigt werden.

Es ist jedoch nicht mehr gängige Praxis, dass der ausscheidende Azubi oder der AN auf Verlangen des Arbeitgebers (in seiner Vertretung auch der HRM-/Personalbereich) sein Zwischenzeugnis gegen das Endzeugnis austauschen muss, sondern kann. Es bezieht sich ja nicht auf das gesamte Beschäftigungs- oder Ausbildungsverhältnis, sondern nur auf einen Zwischenzeitraum. Und aus welchem Grund möchte dennoch ein ausscheidender Mitarbeiter sein *Zwischenzeugnis im Original behalten* und nicht gleichzeitig ersetzen lassen?

Zum Beispiel wenn sich das für ihn früher einmal ausgestellte Zwischenzeugnis ***speziell auf seinen damaligen dreijährigen Auslandseinsatz*** bei der Tochtergesellschaft XY in Frankreich oder in Spanien in aller Ausführlichkeit bezog. Im jetzigen Endzeugnis jedoch wurde dieser Einsatz, bezogen auf seine gesamte Betriebszugehörigkeit, aber nur noch am Rande erwähnt. Da er nun für sich Chancen sieht, in einer gleichen Branche in Paris oder in Madrid eine verantwortungsvolle Führungsposition zu übernehmen, benötigt er deshalb dringend sein damaliges **Zwischenzeugnis im Original**.

Für diesen Fall überwiegt meiner Ansicht nach das ***schutzwerte Interesse des Mitarbeiters*** gegenüber seinem Arbeitgeber, weil das Zeugnis-Original sowohl vom Äußeren als auch vom Inhalt her mehr Wirkung hat.

Es kommt also – bekannter Weise – im juristischen Sinne immer auf den Einzelfall an.

3.4 Beurteilung anstelle eines Zwischenzeugnisses?

Unbestritten ist, dass die Azubis und alle Arbeitnehmer **ein Recht und auch die Pflicht haben, beurteilt zu werden. Warum?**

Um für sich selbst auch ***eine eigene Standort-Analyse*** zu betreiben und die von seinem Arbeitgeber ≅ seinem Vorgesetzten bzw. Ausbildenden ≅ Vor-Ort-Ausbildern an ihm erkannten Mängel und Defizite in seinem Leistungs- oder Verhaltensbereich zu beseitigen. Und auf der anderen Seite, um seine erkannten Stärken, seinen kooperativen Umgang mit den Kollegen und später auch mit den Kunden und Geschäftspartnern zu festigen und auszubauen und seine eigenen Mitarbeiter nach modernen Führungsmethoden anzuleiten und zu führen.

Und für jeden Arbeitgeber ist es relevant, über den Weg und Einsatz seines >>**betrieblichen Beurteilungssystems**<< sein Fach- und Führungskräfte-Potenzial schnell zu ermitteln, um sie den künftigen Aufgaben und betrieblichen Zielen richtig und wirkungsvoll einzusetzen.

Dieses verlangt von ihm, ein **Beurteilungsverfahren** einzuführen, das regelmäßig mit einem Höchstmaß an **Objektivität, Vergleichbarkeit** und **Fairness** durchgeführt werden sollte, also eine >>*Stärken- und Schwächen-Analyse*<<, bei Wahrung aller Mitbestimmungsrechte seines Betriebsrates im **Sinne des § 94 (2) BetrVG** >>Personalfragebögen und Beurteilungsgrundsätze<< wie folgt:

§ 94 (1) **Personalfragebögen** bedürfen der Zustimmung des Betriebsrates. Kommt eine Einigung über ihren Inhalt nicht zustande, so entscheidet die *Einigungsstelle*. Der Spruch der Einigungsstelle ersetzt die Einigung zwischen Arbeitgeber und Betriebsrat.

§ 94 (2) Absatz 1 gilt entsprechend für persönliche Angaben in schriftlichen Arbeitsverträgen, die allgemein für den Betrieb verwendet werden sollen, sowie **für die Aufstellung allgemeiner Beurteilungsgrundsätze.**

Wenn solche Beurteilungen ständig durchgeführt werden, ist auch das Interesse aller AN gering, sich ein Zwischenzeugnis ausstellen zu lassen, es sei denn, man benötigt dieses für externe Zwecke, wie bereits schon erwähnt. Oder anders ausgedrückt:

Wenn in Mittelbetrieben oder in größeren Unternehmen kaum oder gar keine Leistungs- und Verhaltensbeurteilungen der Mitarbeiter von ihren Vorgesetzten durchgeführt werden – lediglich aus begründetem Anlass –, und es dadurch den Mitarbeitern an einer *Selbsteinschätzung* fehlt, um sich zum Beispiel intern oder extern auf andere vakante Stellen zu bewerben oder sich weiterzubilden, um den künftigen Anforderungen der neuen Arbeitsplätze zu genügen, dann bleibt doch diesen ungenügend betreuten Arbeitnehmern nur noch der Ausweg über ein *Zwischenzeugnis*! Bedauerlicherweise müssen sogar im Umkehrschluss diese Mitarbeiter dann befürchten, dass alleine der Tatbestand ihres Zeugnis-Begehrens den Verdacht des Arbeitgebers schürt, dass diese Mitarbeiter versteckt ihrem Prinzipal gegenüber ihren Abkehrwillen geäußert haben!

„Und wie kommt man nun aus diesem Dilemma heraus?“

Meiner Ansicht nach nur durch regelmäßige Mitarbeiter-Beurteilungs- und Fördergespräche durch ihre(n) Vorgesetzten.

In den folgenden Abbildungen *Abb. 3.5–3.8* und *Abb. 3.9–3.11* werden Ihnen Muster für Beurteilungsbögen: „Leistungsbeurteilung und -bewertung für den gewerblichen Arbeiter- und den kaufmännischen Angestelltenbereich“ aufgezeigt.

Größere Unternehmungen beauftragen für solche oder ähnliche *Mitarbeiterbewertungen* vorsorglich gerne externe und neutrale Unternehmens- und Personalberatungen, die wertfrei erst einmal vorhandene Arbeitsplatz- und Stellenbeschreibungen mit dem HRM-Bereich und dem Betriebsrat auf den jetzigen Stand überprüfen und/oder aktualisieren. Danach werden Lösungsmöglichkeiten für MA-Beurteilungen in Projektarbeiten ausgearbeitet und der Unternehmensleitung bzw. der Geschäftsführung als Entscheidungsgrundlagen vorgetragen. Ist Übereinstimmung getroffen worden, werden die Vorgesetzten ausführlich durch den Personalbereich informiert und geschult und sind nun firm für ihre Beurteilungen ausgestattet.

Leistungsbeurteilung und –Bewertung im gewerblichen Bereich ***Deckblatt***

Abteilung(en)	Kostenstelle(n)	Personal-Nr.
Name:	Vorname:	Einstellungs-Datum:

Funktion…………………………Tarifl. Eingruppierung…………………Zulagen…………………

Datum der Beurteilung ☐ Turnusmäßig ☐ Auf besonderem Anlass ☐

……………………………………………………………………………………………………

……………………………………………………………………………………………………

ZUSAMMENFASSUNG der erreichten Punkte für: (vgl. Einzelergebnisse)

1. Arbeitsquantität - Arbeitsergebnis………….. ☐
2. Arbeitsqualität – Arbeitsausführung………… ☐
3. Selbständigkeit – Zuverlässigkeit…………… ☐
4. Einsatzfähigkeit – Einsatzbereitschaft……… ☐
5. Zusammenarbeit…………………………… ☐

6. Gesamte erreichte Punktzahl:……………… ☐

① Rücksprache mit dem MA: Noch nicht! ☐ Ja, am: ☐ Teilnehmer:……………………

② Vorläufiges Ergebnis ☐ Grund: ……………………………………………………………

③ Ergebnis noch offen ☐ Grund: ……………………………………………………………

……………………………………………………………………………………………………

④ Ergebnis/ Übergabe der MA-Beurteilung am ☐ von……………………………………

Sonstiges: Sind wesentliche Beurteilungsmerkmale in das Zwischenzeugnis oder Endzeugnis übernommen worden? Wenn ja, welche?…………………………………………………………

……………………………………………………………………………………………………

Unterschriften:

Der/die Vorgesetzte/n:…………………………………………………………………………
Für den HRM-Bereich:…………………………………………………………………………
Der/die betroffene Mitarbeiter/in:……………………………………………………………
Ein Betriebsrats-Mitglied auf Wunsch des Arbeitnehmers: …………………………………

Abb. 3.5: Leistungsbeurteilung im gewerblichen Bereich (1)

1. Arbeitsquantität /Arbeitsergebnis (mindestens 15, max. 30 Punkte) z.B. Arbeitsweisen, Tempos und Zwischenergebnisse	Punkte max.verfügbar:	Punkte tatsächl. erzielt:
a) Mangelhaft: Das Arbeitsergebnis entspricht meistens nicht einer zufriedenstellenden Leistung. Die Arbeitsweise ist umständlich und das Tempo langsam.	5	
b) Verbesserungsbedürftig: Das Arbeitsergebnis entspricht gelegentlich nicht den jeweiligen normalen Anforderungen, die Arbeitsweise ist noch umständlich und das Arbeitstempo mäßig.	7,5	
c) Durchschnittlich: Die Arbeitsergebnisse entsprechen dem jeweiligen betriebs- oder abteilungsüblichen Durchschnitt, die Arbeitsweise ist zweckmäßig und das Arbeitstempo ist normal.	15,0	
d) Gut: Das Arbeitsergebnis liegt über dem jeweiligen betriebs- oder abteilungsmäßigen Durchschnitt, die Arbeitsweise ist sehr zweckmäßig und funktional, das Arbeitstempo ist zügig.	22,5	
e) Sehr gut: Nahezu alle Arbeitsergebnisse liegen erheblich über dem jeweiligen betriebs- oder abteilungsüblichen Durchschnitt, die Arbeitsweise ist vorzüglich und das Arbeitstempo sehr flott.	30,0	
Tatsächlich erreichte Punktzahl von	**30,0**	
2. Qualität / Arbeitsausführung (mindestens 15, max. 30 Punkte) z.B. Häufigkeit von Beanstandungen, Einhaltung der Sicherheitsbestimmungen		
a) Mangelhaft: Die Arbeitsausführungen und die Arbeitsqualität entsprechen nicht den Erwartungen der Vorgesetzten und Kollegen und liegen weit unter dem betriebsüblichen Durchschnitt.	5	
b) Verbesserungsbedürftig: Die Arbeitsausführung und Qualität sind gerade noch ausreichend, liegen aber noch im unteren Bereich des jeweiligen Durchschnitts.	7.5	
c) Durchschnittlich: Die Arbeitsausführung und Qualität entsprechen den jeweiligen betriebs- oder abteilungsmäßigen Vorgaben und Ergebnissen.	15.5	
d) Gut: Die Arbeitsausführung und die Qualität liegen mehrfach über dem jeweiligen Durchschnitt.	22,5	
e) Sehr gut: Die Arbeitsausführung und die Qualität liegen erheblich über dem jeweiligen Durchschnitt aller anderen Mitarbeiter in der Abteilung.	30,0	
Tatsächlich erreichte Punktzahl von	**30,0**	

Anmerkung

Die max. erreichbare Punktzahl aus diesen beiden o.g. Hauptmerkmalen der Arbeitsergebnisse und Arbeitsausführungen liegt bei 60% Anteilen und die aus den noch nachfolgen drei anderen Hauptmerkmalen bei 40% und ergeben zusammen 100%! Diese unterschiedliche Gewichtung wurde mit allen Vorgesetzten, dem Betriebsrat und HRM-Bereich vereinbart.

Abb. 3.6: Leistungsbeurteilung im gewerblichen Bereich (2)

3. Selbständigkeit / Zuverlässigkeit (mindestens 7,5, max. 15,0 Punkte) auch Auffassungsgabe und Lernfähigkeit	Punkte max. verfügbar:	Punkte tatsächl. erzielt:
a) Mangelhaft: Der AN ist nicht imstande, selbständig zu arbeiten. Häufiges Eingreifen des Vorgesetzten oder der Kollegen ist erforderlich!	3,5	
b) Verbesserungsbedürftig: Der AN übersieht nicht immer seine Aufgaben, muss gelegentlich nachfragen. Vorgesetzte oder Kollegen helfen noch aus.	5,0	
c) Durchschnittlich: Der AN arbeitet genügend selbständig und weiß sich selbst zu helfen. Das Eingreifen des Vorgesetzten hält sich im üblichen Rahmen.	7,5	
d) Gut: Der AN erledigt seine Aufgaben so gut, dass Nachfragen bei seinen Vorgesetzten nur noch in Ausnahmefällen nötig sind.	11,5	
e) Sehr gut: Der AN erledigt seine Aufgaben völlig selbständig, sodass Nachfragen bei seinem Vorgesetzten nicht mehr nötig sind. Er übernimmt auch Zusatzaufgaben.	15,0	
Tatsächlich erreichte Punktzahl von	**15,0**	

4. Vielseitige Einsatzf./Einsatzbereitsch. (mindestens 7,5, max. 15 Punkte) z.B. Arbeitsinteresse, Arbeitswilligkeit, andere Aufgaben übernehmen, Mitdenken, Vorschläge machen etc.	Punkte max. verfügbar:	Punkte tatsächl. erzielt:
a) Mangelhaft: AN ist nur für einfache Aufgaben verwendbar, hat nur geringes Interesse an der Arbeit. Ist unwillig, an anderen Arbeitsplätzen eingesetzt zu werden.	3,5	
b) Verbesserungsbedürftig: AN ist wenig einsatzwillig und -fähig, ist sehr begrenzt an anderen Aufgaben oder anderen Arbeitsplätzen einsetzbar.	5,0	
c) Durchschnittlich: AN hat normales Interesse für seine Arbeitsaufgaben, lässt sich teilweise auch für andere Aufgaben und andere Arbeitsplätze einsetzen.	7,5	
d) Gut: AN hat überdurchschnittliches Interesse für seine Arbeitsaufgaben und übernimmt auch gerne mit Interesse andere Aufgaben.	10,0	
e) Sehr gut: AN ist sehr interessiert an allen mit seinem Aufgabengebiet zusammenhängenden Fragen auch über die augenblicklichen Arbeitsaufgaben hinaus, denkt immer mit und ist auch gerne bereit, noch weitere anspruchsvolle Aufgaben zu übernehmen.	15,0	
Tatsächlich erreichte Punktzahl von	**15,0**	

Abb. 3.7: Leistungsbeurteilung im gewerblichen Bereich (3)

5. Zusammenarbeit/Teamfähigkeit (mindestens 5, max. 10 Punkte) z.B. Kollegenbewusstsein, Bereitschaft mit anderen MA zusammenarbeiten, Teamfähigkeit und Teamwilligkeit etc.	Punkte max. verfügbar:	Punkte tatsächl. erzielt:
a) Mangelhaft: AN/Mangelhafte Zusammenarbeit, wenig Anpassungswilligkeit und -fähigkeit, Schwierigkeiten mit Kollegen, bemüht sich nicht, ist gleichgültig.	1,5	
b) Verbesserungsbedürftig: AN arbeitet nur zögerlich mit anderen zusammen, ist gelegentlich Stimmungen unterworfen, wenig um Verbesserungen bemüht.	3.5	
c) Durchschnittlich: Zeigt meist ein ausgeglichenes Verhalten anderen gegenüber, ist an kurzfristiger Zusammenarbeit sehr interessiert und ist teamfähig.	5,0	
d) Gut: AN zeigt ein gutes, kollegiales Verhalten zu anderen Mitarbeitern, ist an qualitativer Zusammenarbeit interessiert, arbeitet auch gerne länger im Team mit.	7.5	
e) Sehr gut: AN zeigt ein gutes und kameradschaftliches Verhalten zu seinen Arbeitskollegen und Teammitarbeitern, ist stets hilfsbereit und fügt sich selbstverständlich dem Gruppenkonsens ein.	10,0	
Tatsächlich erreichte Punktzahl von	**10,0**	

Abb. 3.8: Leistungsbeurteilung im gewerblichen Bereich (4)

Anmerkungen

Wenn **der Vorgesetzte** die Beurteilung selbstverständlich alleine (und nicht mit seinem Mitarbeiter gemeinsam) macht und sich das Ergebnis ansieht, sollte er meiner Meinung nach sich zuerst nach den ❶Ursachen und Gründen seiner negativ formulierten MA-Leistungen und -Verhaltensweisen fragen. Sollte er jedoch seine Aufsichtspflicht ernst und kontinuierlich eingehalten haben und den Mitarbeiter des Öfteren auf seine Mängel hingewiesen haben, ohne dass dieser sich geändert hat, dann sollte er – zur Vorbereitung seines unangenehmen *MA-Beurteilungsgespräches* – entweder seinen Vorgesetzten oder einen Betreuer aus dem HRM-/Personalbereich mit hinzuziehen und Korrektur- oder Abwehrmaßnahmen ergreifen. Selbstverständlich muss der Vorgesetzte seinem Mitarbeiter die Möglichkeit anbieten, dass er ein Mitglied des Betriebsrates als seinen Beistand mit zum Beurteilungsgespräch hinzuziehen kann.

Weiterhin sollte er sich vor diesem Gespräch über ❷Änderungsmöglichkeiten, wie *Wechsel von Aufgaben* und *Veränderungen der MA-Arbeitszeit* und/oder über *Weiterbildungsmöglichkeiten* machen, die er dann im Gespräch seinem MA (und noch anderen Teilnehmern) vorschlagen kann, wenn dieser nicht schon von sich aus eigene, ähnliche Vorschläge macht, die ihm vielleicht auch von seinem Betriebsrat bzw. von seinem Jugendvertreter angeboten worden waren. Sind in Betrieben schon des Öfteren solche Arten und Formen von MA- oder Beurteilungsgesprächen durchgeführt worden, und die Vorgesetzten bereits routiniert ihre Gespräche führen und weitere Entwicklungsmöglichkeiten ihren Mitarbeiter anbieten, dann treten kaum noch Probleme auf. Mann trennt sich nach dem Beurteilungsgespräch im gemeinsamen Einvernehmen und arbeitet zusammen motiviert weiter.

Auf dieser „fairen" Basis werden dann auch die Zeugnisse formuliert.

Leistungsbeurteilung und –Bewertung im Angestelltenbereich **Deckblatt**

Anmerkung:
Aus *Gleichbehandlungsgründen* gegenüber den Arbeitern in dem Gewerblichen Bereich ist dieses Deckblatt für die Angestellten vgl. *Abb. 3.5 (1)* auf Seite 26 genauso aufgebaut.

Grundmerkmal A Arbeitsausführung (mind. 25,0; max. 40 Punkte)	Die Anforderungen werden nicht immer erfüllt.	Die Anforderungen werden in der Regel erfüllt.	Die Anforderungen werden in Einzelmerkmalen übertr.	Die Anforderungen werden in allen Merkmalen übertr.	⇐s. linke Sp. + höhere Einzelmerkmale nennenswert!
A1 Gründlichkeit und Zuverlässigkeit Arbeitsaufgaben werden gewissenhaft und vollständig erledigt und verantwortungsvoll, richtig, termingerecht und zügig ausgeführt.	**2**	**4**	**5**	**6**	**8**
A2 Arbeitsmenge und Ziele Menge der regelmäßig ausgeführten und einwandfreien Arbeiten. Erreichen der gesteckte Ziele.	**2**	**4**	**5**	**6**	**8**
A3 Initiative Eigener Antrieb bei der Durchführung von Arbeitsaufgaben alleine und im Team	**2**	**4**	**5**	**6**	**8**
A4 Fachkenntnisse Anwendung der im Betrieb erforderlichen Fachkenntnisse und in angrenzenden Bereichen	**2**	**4**	**5**	**6**	**8**
A5 Kostenbewusstes Verhalten Kostenorientierte und rationelle Erledigung im gesamten Aufgabenbereich	**2**	**4**	**5**	**6**	**8**

Grundmerkmal A: Maximal erreichbar **40 Punkte**, mindestens **25 Punkte**. **Tatsächlich erreichte Punktzahl**: [ ]

Bemerkungen/Erklärungen des Vorgesetzten (verbale Begründung in Stichworten bei erheblichen Abweichungen) zu:

A1:……

A2………

A3………

A4………

A5………

Anmerkungen des betroffenen Mitarbeiters, wenn gewünscht……………………………………………
………

Tag des Beurteilungsgespräches bzw. der Übergabe der individuellen Beurteilung …………………

Datum und Unterschrift des Vorgesetzten, des Mitarbeiters und sonstiger Teilnehmer (Funktion in Klammer)
………
………………………… ……………………………… ………………………… ………………………… ……………………

Abb. 3.9: Leistungsbeurteilung im Angestellten- Bereich (1)

Grundmerkmal B Persönlichkeitsfaktoren (mind. 25,0; max.40 Punkte)	Anforderungen werden nicht immer erfüllt.	Anforderungen werden in der Regel erfüllt.	⇐ + in Einzelmerkmalen übertroffen	⇐ + in Einzelmerkmalen häufig übertroffen	⇐ + in Einzelmerkmalen stets nennenswert übertroffen.
B1 Auffassungsgabe + Urteilsfähigkeit Fähigkeit, sich auf veränderte Sachlagen, Probleme und Aufgaben rasch ein- und umzustellen. Erkennen und Beurteilen des Wesentlichen.	**2**	**4**	**5**	**6**	**8**
B2 Einsatzbereitschaft Anwesenheit und Pünktlichkeit, Bereitschaft für Überstunden und zum vorübergehend. Eins. an anderen Arbeitsplätzen.	**2**	**4**	**5**	**6**	**8**
B3 Belastbarkeit Befähigung nach Art und Intensität unterschiedlichen Anforderungen gerecht zu werden.	**2**	**4**	**5**	**6**	**8**
B4 Informationsaustausch Fähigkeit, zu sachdienlichem Informationsaustausch innerhalb + außerhalb des Unternehmens.	**2**	**4**	**5**	**6**	**8**
B5 Zusammenarbeit Aufgeschlossenheit f. gemeinsame Lösungen von Arbeitsaufgaben und Projekten. Einstellung zu Vorgesetzen und Mitarbeitern.	**2**	**4**	**5**	**6**	**8**

Grundmerkmal B: Maximal erreichbar **40 Punkte**, mindestens **25 Punkte**. **Tatsächlich erreichte Punktzahl**: ☐

Bemerkungen/Erklärungen des Vorgesetzten (verbale Begründung in Stichworten bei erheblichen Abweichungen) zu:

B1:..

B2..

B3..

B4..

B5..

Anmerkungen des betroffenen Mitarbeiters, wenn gewünscht

....

....

Tag des Beurteilungsgespräches bzw. der Übergabe der individuellen Beurteilung ....

Datum und Unterschrift des Vorgesetzten, des Mitarbeiters und sonstiger Teilnehmer (Funktion in Klammern)

....

....

Abb. 3.10: Leistungsbeurteilung im Angestelltenbereich (2)

Angestellte ohne Führungsaufgaben

Grundmerkmal C Personelle Wirksamkeit (mind.12,0; max. 20,0 Punkte)	Anforderungen werden nicht immer erfüllt.	Anforderungen werden in der Regel erfüllt.	⇦ + in Einzelmerkmalen übertroffen	⇦ + in Einzelmerkmalen häufig übertroffen	⇦ + in Einzelmerkmalen stets nennenswert übertroffen.
C1 Überzeugungsfähigkeit Fähigkeit, andere für eine Meinung zu überzeugen.	2	4	6	8	10
C2 Darstellungsvermögen Fähigkeit, einen Sachverhalt klar und verständlich auszudrücken, in geeigneter Form darzustellen oder einzuordnen.	2	4	6	8	10

Angestellte ohne Führungsaufgaben

Grundmerkmal C: Maximal erreichbar **20 Punkte**, mindestens **12 Punkte**. **Tatsächlich erreichte Punktzahl**: [ ]

Bemerkungen/Erklärungen des Vorgesetzten (verbale Begründung in Stichworten bei erheblichen Abweichungen) zu:

C1………………………………………………………………………………………………………

C2………………………………………………………………………………………………………

Angestellte mit Führungsaufgaben

Grundmerkmal C Personelle Wirksamkeit (mind.12,0; max. 20,0 Punkte)	Anforderungen werden nicht immer erfüllt.	Anforderungen werden in der Regel erfüllt.	⇦ + in Ein-zelmerkmalen übertroffen	⇦ + in Einzelmerkmalen häufig übertroffen	⇦ + in Einzelmerkmalen stets nennenswert übertroffen.
C3 Überzeugungsfähigkeit Fähigkeit, einen Sachverhalt klar und verständlich auszudrücken und andere für eine Meinung zu gewinnen.	2	4	6	8	10
C4 Führungsverhalten Fähigkeit, Mitarbeiter zu überzeugen, anzuweisen oder anzuleiten, zu beurteilen, zu fördern und weiterzubilden und zu delegieren.	2	4	6	8	10

Angestellte mit Führungsaufgaben

Grundmerkmal C: Maximal erreichbar **20 Punkte**, mindestens **12 Punkte**. **Tatsächlich erreichte Punktzahl**: [ ]

Bemerkungen/Erklärungen des Vorgesetzten (verbale Begründung in Stichworten bei erheblichen Abweichungen) zu:

C3………………………………………………………………………………………………………

C4………………………………………………………………………………………………………

Anmerkungen des betroffenen Mitarbeiters, wenn gewünscht

……

……

Tag des Beurteilungsgespräches bzw. der Übergabe der individuellen Beurteilung ……………………………

Abb. 3.11: Leistungsbeurteilung im Angestelltenbereich (3)

4. Zeugnisformulierungen

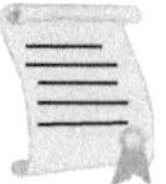

4.1 Formulierung des Zeugnisses durch den Arbeitgeber (Grundregeln)

Die Bedeutung des **richtigen Formulierens** steht der Bedeutung des **richtigen Ausstellens** nicht nach, wenn man bedenkt, dass das Arbeitszeugnis den Arbeitnehmer während seines gesamten Arbeitslebens begleitet und von ihm wie eine Urkunde, d.h. wie ein **Zertifikat** benutzt wird. Daher soll das Zeugnis auch von seiner äußeren Gestaltung wie eine Urkunde im Sinne einer Anerkennung aussehen und ein *einheitliches Gesamtbild darstellen.*

Auf der anderen Seite stellt das Arbeitszeugnis auch für den Arbeitgeber, d.h. für das Unternehmen selbst, den *Nachweis seiner eigenen Urteilsfähigkeit dar* und wird von Außenstehenden somit auch als **Visitenkarte seines Unternehmens** angesehen. Mit zunehmendem Beschäftigungs- und Lebensalter nehmen zwar für den Arbeitnehmer die früheren Arbeitszeugnisse an Bedeutung dann ab, wenn der AN kontinuierlich seinen beruflichen Werdegang aufsteigend aufbauen konnte.

Dennoch werden die vorhandenen Zeugnisse des Mitarbeiters und Kollegen noch gerne, spätestens bei seinem Eintritt in das gesetzliche Rentenalter – vom Unternehmer selbst oder von seinem Personalchef – für die *Laudatio bei seiner Abschiedsfeier* verwendet. Woher hätten die Führungskräfte, Mitarbeiter oder Kollegen auch an seinem letzten Arbeitstag seinen beruflichen Lebensweg nachvollziehen können? Doch nur aus seiner Personalakte, die endgültig nun geschlossen wird und seine betrieblichen Beurteilungen und Zeugnisse ausgedient haben. Doch zurück zur Gegenwart:

Unter ***„richtig“*** formulieren versteht man, Tatbestände, Sachverhalte, fachliche und persönliche Eignungsmerkmale und Wertmaßstäbe so darzustellen, dass sie **wahr** sind, d.h. objektiv richtig wiedergegeben worden sind, und ein Überbewerten stark ausgeprägter positiver oder negativer Meinungen ausgeschlossen ist.

Demnach bewegt sich der Aussagewert eines Zeugnisses in dem Spannungsfeld zwischen:

① **der Wahrheitspflicht** (jedoch mit dem Spielraum des Sagens oder Nichtsagen-Müssens),

② dem Getragen-Werden von **einem verständigen Wohlwollen** und zusätzlich noch

③ dem ständigen Anspruch **auf Objektivität**, d.h. dem Relativieren wenig bedeutsamer Vorkommnisse und

④ dem Anspruch **auf Glaubwürdigkeit**, d.h. kein Überziehen von Wertmaßstäben!

Das Zeugnis sollte keinen Anlass geben, dass Mängel an Form, Inhalt, Darstellung und Fristen dem Arbeitgeber/Unternehmen Schaden und Kosten zufügen könnten, sei es durch den Zeugnisaussteller, dem betroffenen Mitarbeiter selbst oder durch einen Dritten.

4.2 Das Problem mit der Wahrheit

Der Wahrheitsanspruch kommt schon im achten Gebot zum Ausdruck: *„Du sollst kein* ***falsches Zeugnis*** *geben wider deinen Nächsten!"* Wenn man so will, erkennen auch wir hier das Abhängigkeitsverhältnis zwischen den einzelnen Familienmitgliedern, Freunden und Bekannten und selbstverständlich auch das der Arbeitnehmer gegenüber ihren Arbeitgebern.

Doch wie sieht die Praxis aus? Hierzu ein Beispiel aus dem täglichen Leben, aber bitte nicht ernst nehmen!

Auf die Frage des Metzgermeisters an seinen untreuen Gesellen – der jeden Tag heimlich Knochen für seinen Hund mit nach Hause nahm – was er (sein erzürnter Arbeitgeber) denn nun im Hinblick auf die den ständigen Diebstahl bezogene fristlose Kündigung in dessen Zeugnis reinschreiben sollte, meinte dieser:

„Meister, schreiben Sie doch in das Zeugnis rein: Er war ehrlich bis auf die Knochen!"

Es kommt demnach darauf an, was der Zeugnisaussteller sagen will oder muss, und was der Zeugnisleser oder ein verständiger Dritter darunter verstehen. Sonst würde es wohl kaum Streitigkeiten vor den Gerichten geben. Erst wenn alle drei, nämlich der Aussteller, der betroffene MA oder Azubi und ein anderer (neuer Arbeitgeber) von denselben Sachverhalten ausgehen und die gleiche Interpretationsfähigkeit besitzen und dementsprechend zu denselben Schlüssen und Folgerungen kommen, können wir von *objektiver Richtigkeit* sprechen.

>>Wie bringt man denn nun beides auf einen glaubwürdigen und fairen Nenner?<<

- Der Arbeitgeber ist frei in seiner Entscheidung des Formulierens, d.h. in der Prioritätensetzung über seine Beschreibung der Leistungen und des Verhaltens seines MA oder Azubis, nicht jedoch in der Prioritätensetzung (einseitigen Gewichtung) seines Aufgabengebietes bzw. der gesetzlich vorgeschriebenen Berufsausbildungsinhalte, wenn diese von den tatsächlich praktizierten betrieblichen Merkmalen abweichen.

- Ist zum Beispiel eine *Sekretärin* zur *Assistentin* avanciert und bei ihrem Vorgesetzten in Ungnade gefallen, dann darf ihr Vorgesetzter (Prinzipal) zum Beispiel nicht in ihrem Zeugnis vermerken, *„dass der Schwerpunkt ihrer Tätigkeit in der* ***Ablage*** *lag!"*

- Der Arbeitgeber handelt nach pflichtgemäßem Ermessen immer dann, wenn ein unbefangener Außenstehender (Dritter) zu denselben Schlüssen und Erkenntnissen kommt, wie der Zeugnisaussteller sie im Zeugnis erläutert bzw. zu erkennen gegeben hat, und der betroffene AN oder der Azubi dieses auch genauso versteht.

4.3 Gesagt und gemeint – nicht dasselbe?

Bewirbt sich zum Beispiel ein Arbeitnehmer um einen neuen Arbeitsplatz mit den Worten: *„Ich werde mich stets bemühen, die an mich gestellten Anforderungen Ihnen gegenüber zufriedenstellend zu erfüllen"*, so drückt er hierbei seinen festen Willen aus, bei seinem neuen Arbeitgeber mit viel Einsatz und Engagement tätig zu werden und sein Bestes zu geben. Bestätigt hingegen sein bisheriger Arbeitgeber bei dessen Austritt dieselbe Aussage, so kommt ihr eine völlig andere, ja fast negative Bedeutung zu!

Im Zeugnis bedeutet das Wort ***„bemühen“***, dass der **Arbeitnehmer** das Arbeitsziel häufig noch nicht erreicht hatte. Für diesen Fall hatte er eben nur eine *zufriedenstellende Arbeit* geleistet, die aber noch *keine beachtenswerte* darstellt.

Und wenn der ausbildende AG (früher der *Lehrherr*) seinem **Azubi** dasselbe innerhalb seiner Probezeit bestätigen würde, dann versteht der Hörer/Leser dieses in einem ganz anderen Kontext, nämlich, dass der Azubi ja noch nicht einmal seine Probezeit zu Ende absolviert und *sich trotzdem große Mühe gegeben hatte,* um sich fachlich und praktisch weiterzuentwickeln.

Die im Laufe der Zeit von der Rechtsprechung entwickelten **Grundsätze über das Wohlwollen und die Wahrheit** – aus der Fürsorgepflicht des AG gegenüber seinem AN gefordert – haben bei der Zeugnisformulierung lediglich dazu geführt, dass ungenügend bewertete Leistungen nur vorsichtig umschrieben werden – oder ganz weggelassen werden –, um dem beruflichen Fortkommen des ehemaligen Mitarbeiters nicht zu schaden. Dieses hatte zur Folge, dass bereits ganz normale und etwas besser beurteilte Leistungen grammatikalisch fragwürdig nach oben gepuscht worden sind, wie zum Beispiel >>*zufriedenstellend*<<, >>*stets zufriedenstellend*<< oder zur >>*vollsten Zufriedenheit*<<. **Und das Wort >>voll<< lässt sich meiner Meinung nach nicht gar nicht mehr steigern!** Denn wenn ein Glas voll ist, dann ist es bis zum Rand gefüllt. Danach kippt es – bzw. das Wasser – über!

4.4 Standardformulierungen

Leider haben sich im Laufe vieler Jahre zu Irritationen führende *standardisierte Zeugnisformulierungen* ergeben, von denen Sie bitte keinen Gebrauch mehr machen sollten. Es handelt sich hierbei um ständig wiederkehrende floskelhafte Sätze, die übrigens wohlwollender klingen, als tatsächlich gemeint sind, wie zum Beispiel

gesagt oder geschrieben:	aber tatsächlich gemeint:
❶… „hat sich bemüht“…	Es fehlte nicht am guten Willen, jedoch waren Leistung und Verhalten in Wirklichkeit nicht zufriedenstellend. Beweispflicht des AG aufgrund früherer mündlicher/schriftlicher Verwarnungen!
❷... „mit der Leistung zufrieden“…	Nach dem Sprachgebrauch zwar nicht negativ, sondern eine ausreichende Leistung, die mehr noch unter der Durchschnittsnorm des AG liegt.
❸... „mit der Leistung voll zufrieden“…	Die Leistungen entsprechen der betrieblichen Durchschnittsnorm oder ein wenig besser.
❹… „hervorragend“…	Die Leistung und das Verhalten des AN werden besonders anerkannt und weisen auf Aufstiegsmöglichkeiten hin.*

* Anmerkung:
Diese Beurteilung wird häufig nicht (gerne) von Vorgesetzten für ihre Mitarbeiter verwandt. Vielleicht befürchten sie, dass sie nun selbst um ihren eigenen Posten sich Gedanken machen müssen, wenn sich ihre Nachfolger schon in den Startlöchern befinden. Bei Mitarbeitern im Projekt-Management brauchen sie sich keine Sorgen gegenüber der Konkurrenz zu machen!

Probleme mit dem Umsetzen

Die Bewertung der Floskeln und ihre Umsetzung in allgemein gängige Beurteilungs-Kriterien etwa mit „befriedigend“, „gut“ oder „sehr gut“ ist aber keineswegs Gemeingut oder von der *Rechtsprechung der Gerichte für Arbeitssachen* auch nur übernommene Beurteilungspraxis.

> Die Formulierung von Werturteilen in einem Arbeitszeugnis ist und bleibt letztlich Aufgabe des Arbeitgebers und lässt sich nicht bis in alle Einzelheiten der sprachlichen Ausformulierung regeln und durch die Gerichte vorschreiben.

Zur vollen oder stets zur vollsten Zufriedenheit?

Verwirrung hatte hierbei das **RKW**, das *Kuratorium der deutschen Wirtschaft*, mit seinen damals *entworfenen Beurteilungskriterien* geschaffen, wenn ihm auch nicht der gute Wille zu einer einheitlichen Aussage abzusprechen ist. So schrieb das RKW **früher** in einer Kalendernotiz:

☺☺	Stets zu unserer vollsten Zufriedenheit erledigt	≅ „sehr gut“	wie Schulnoten!
☺	Stets zu unserer vollen Zufriedenheit erledigt	≅ „gut“	
😐😐	Zu unserer vollen Zufriedenheit erledigt	≅ „befriedigend“	
😐	Zu unserer Zufriedenheit erledigt	≅ „ausreichend“	
☹☹	Im Großen und Ganzen zur Zufriedenheit erl.	≅ „mangelhaft“	
☹	Hat sich bemüht, die übertragenden Arbeiten zur Zufriedenheit zu erledigen.	≅ „ungenügend“	

Gehen wir von dieser letzten Aussage aus, müssen wir annehmen, dass der betroffene Mitarbeiter entweder *völlig ungeeignet* war oder nur *widerwillig* seine bisherige Arbeit ausgeführt hatte. Zum einen ist es nun Aufgabe des Arbeitgebers, nicht etwa ein vernichtendes Urteil über seinen Mitarbeiter zu fällen, sondern vielmehr rechtzeitig zu überlegen, wo dessen Stärken liegen (könnten), um hierauf in der Praxis und später im Zeugnis einzugehen. Es rücken daher immer mehr Firmen, KUM-Betriebe, Geschäfte und auch kleinere Handwerksbetriebe von der o.g. Bewertungsskala ab, hatten sie doch bisher geglaubt, dass es eine Steigerung *„von zu unserer vollen Zufriedenheit“* gar nicht mehr gibt.

Wie kommt man denn nun aus diesem Dilemma raus?

Hierzu aus einem Urteil des LAG Düsseldorf[4] als zweite Instanz:

„Die ihm anvertrauten Aufgaben erfüllte Herr S. stets zu unserer Zufriedenheit.“

Diese Formulierung in seinem Zeugnis gefiel einem Angestellten nicht, der neun Monate lang bei seinem AG beschäftigt war und unwidersprochen erklärte, dass keine der von ihm während seiner Beschäftigungszeit ausgeführten Arbeiten jemals von seinem AG bemängelt worden waren.

[4] Urteil vom 20.11.1979, AZ 5(9) Sa 778/79

Das betroffene LAG erklärte diese Formulierung nicht *nur für unzureichend,* sondern sogar *für unzulässig*, mit der damaligen Begründung:

„Eine Tätigkeit, die durchgehend ohne jegliche Beanstandung geblieben ist, hebt sich aus dem Durchschnitt heraus und verdient – nach Ansicht des Richters – ein Herausheben durch die Formulierung:

>>Stets zu unserer vollen Zufriedenheit<<

Dieses Urteil kann ich heute sogar noch nachvollziehen, wenn der Arbeitsgeber es versäumt hatte, jedenfalls die wesentlichen Aufgaben seines ehemaligen AN zu beschreiben und auf einige notwendige geforderte Kenntnisse und Fertigkeiten einzugehen, sofern es sich in diesem Falle *nicht um ein einfaches,* sondern um ein *qualifiziertes Zeugnis* gehandelt hatte.

Zeugnisprozesse zeigten richtig die Auswüchse, die auf diesem Gebiet an der Tagesordnung sind:

Es verlangte eine Klägerin – auf Anraten ihres Rechtsanwaltes –, der im Zeugnis bescheinigt worden war, *„..sie habe die Arbeit zur vollen Zufriedenheit erledigt... “,* den Austausch dieser Formulierung in ...“*stets zu ihrer vollsten Zufriedenheit*“.

Das o.g. Landes-Arbeitsgericht (LAG in Düsseldorf) hatte in seinem Urteil vom 12.8.1986[5] diese Klage unter anderem mit der Begründung auch abgewiesen, dass schon grammatikalisch der Begriff **„volle Zufriedenheit“** nicht mehr steigerungsfähig sei. Mit der Bescheinigung *der vollen Zufriedenheit* habe zudem der Arbeitgeber ihr eine nicht zu beanstandende gute Durchschnittsleistung attestiert.

>> **Die Formulierung des Zeugnisses aber sei Sache des Arbeitgebers!<<**

Im Urteil vom 11.11.1994 ebenfalls des LAG in Düsseldorf [6] folgte diese Kammer einer beklagten Firma darin, ... dass ihr mit dem ursprünglichen Verlangen des Klägers auf Erteilung eines Zeugnisses mit der Leistungsbeurteilung *„zur vollsten Zufriedenheit“* etwas bereits *sprachlich Unmögliches* abverlangt werden sollte. Dem Kläger (AN) ist allenfalls zuzugestehen, dass im Arbeitsleben gelegentlich noch *standardisierte Zeugnisformulierungen* verwendet werden – wie am früheren Vorschlag des RKWs.

Das betriebliche Beurteilungssystem nur nach Noten?

Existieren im Unternehmen Beurteilungsmodelle und Stellenbeschreibungen, sollte versucht werden, nicht unbedingt diese in die Zeugnisse zu übernehmen, sondern *etwas abstrakter und mit mehr Menschlichkeit versehen* einzuflechten.

① Wenngleich die Beurteilung eines Menschen im betrieblichen Geschehen häufig nach Zensuren, d.h. im *Punktesystem* erfolgt, weil sich diese Punkte auf das Entgelt-Zulagensystem direkt auswirkten, ist es ratsam, ***die Beurteilungsnoten oder -punkte im Zeugnis zu verbalisieren.***

---

[5] AZ 15 Sa 18/86
[6] AZ 17 Sa 1158/94

② Muss die ***Gesamtleistung eines Mitarbeiters*** notwendiger Weise als Gesamtbewertung im Zeugnis zum Ausdruck kommen, so sollte der Vorgesetzte entweder Aufgabenbereiche getrennt bewerten oder die für den Mitarbeiter erkennbaren Stärken formulierungsmäßig stärker herausarbeiten, sodass für den Betroffenen und/oder den Leser die Form und Gewichtung erkennbar ist.

③ Auf ***behobene Schwierigkeiten***, die nur am Anfang der AN-Tätigkeiten oder beim Arbeitsplatzwechsel aufgetreten waren, sollte im Zeugnis nicht mehr hingewiesen werden, weil sie negativ bei einem evtl. neuen AG im Gedächtnis hängen bleiben.

④ Grundsätzlich sollte im Endzeugnis inhaltlich ***das stärkste Gewicht auf die Beurteilung der Leistung und des Verhaltens des AN*** gelegt werden, das dem Austrittstermin immer näherkommt.

⑤ ***Keine Superlative*** im positiven wie negativen Sinne im Zeugnis verwenden, wenn dadurch möglicherweise die Pflicht zur wahrheitsgemäßen Beurteilung verletzt werden könnte und der Gleichbehandlungsgrundsatz gegenüber anderen Mitarbeitern (Kollegen) nicht gewahrt bleibt.

⑥ ***Es besteht die Verpflichtung des AG, das berufliche Fortkommen des AN nicht unnötig zu erschweren!***

- Der Arbeitgeber muss auf fachliche und persönliche negative Merkmale verzichten, sofern sie nicht die Tätigkeiten maßgeblich beeinflusst hatten.
- Handelt es sich um Ereignisse oder Wertungen, aus denen die Untauglichkeit oder die eingeschränkte Tauglichkeit – in Bezug auf berufsspezifische, wichtige Merkmale – hervorgeht, ***so hat die Wahrheitspflicht gegenüber dem Wohlwollen den Vorrang!***

Hierzu der Bundesgerichtshof (BGH): 

Die Rücksichtnahme auf das weitere berufliche Fortkommen des Arbeitnehmers findet dort ihre Grenze, wo sich das Interesse des künftigen Arbeitgebers an der Zuverlässigkeit der Grundlagen für die Beurteilung des Arbeitsuchenden ohne weiteres aufdrängt, und das Verschweigen bestimmter, für die Führung im Dienst bedeutsamer Vorkommnisse, die für die Beurteilung des Arbeitnehmers wesentliche Gesamtwertung in erheblichen Maße als ***unrichtig*** erscheinen lässt.

Freie Formulierung

Grundsätzlich ist der Arbeitgeber frei in seiner Formulierung, d.h. in seiner Prioritätensetzung der bewerteten Leistungen und Eigenschaften, nicht jedoch in der Prioritätensetzung des jeweiligen Aufgabenbereiches. Völlig unverständlich mag hierbei die Ansicht einer Rechtsanwältin sein, die in der Vertretung ihrer Mandantin bereits in dem Wort: „sie ***wechselte*** von einem Bereich in den anderen…“ einen Stilbruch sah.

Richtig formulieren und richtig das Zeugnis ausstellen soll heißen, dass der Arbeitgeber sich weitaus mehr Mühe beim Abfassen von Formulierungen geben sollte als bisher.

Hierzu gehört ein detailliertes Beschreiben der oder des Aufgabengebiete(s) und die Ausfüllung der Kompetenzen nach innen und nach außen, sofern es sich um eine Führungskraft handeln sollte. Weniger wichtige Aufgaben gehören in den Hintergrund und die bedeutungsvollen und vor allem das zuletzt genannte Aufgabenspektrum in den Vordergrund.

Strafbare Handlungen dürfen nicht verschwiegen werden!

In solchen Fällen bietet es sich an, dem untreuen AN oder Azubi nicht ein Zeugnis auszustellen, sondern lediglich eine *Arbeitsbescheinigung*, aus der m.E. die Art der fristlosen, AG-seitigen Kündigung mit dem Vermerk, ...“*dass das Arbeitsverhältnis umgehend (oder fristlos) durch den Arbeitgeber beendet worden ist*“ endet. Dieser Vermerk ist so offensichtlich, dass jeder neue interessierte AG diese Warnfunktion nicht überlesen kann. So hat zumindest dieser AN noch eine Chance, weitervermittelt zu werden, wenn er zum Beispiel außerhalb der betrieblichen Sphäre in seinem privaten Bereich eine Haftstrafe „absitzen musste“ und in dieser Zeit bei seinem früheren AG gar nicht mehr arbeiten konnte.

Handelte es sich jedoch um eine strafbare Handlung zum Nachteil des Arbeitgebers oder von Kollegen, Kunden, Geschäftsfreunden und anderen in dem Unternehmen, dann darf diese Handlung nicht im Endzeugnis verschwiegen werden, weil ein neuer AG auf den Wahrheitsgehalt des Zeugnisses vertrauen kann und muss!

Aber wie?

Für diesen Fall bieten sich folgende Formulierungen an:

a) Wegen seines persönlichen Fehlverhaltens am Arbeitsplatz sahen wir uns bedauerlicherweise gezwungen, das Arbeitsverhältnis von Herrn X oder von Frau Y umgehend (oder fristlos) am .... zu lösen.
b) Wegen einer groben Verletzung seiner/ihrer arbeitsvertraglichen Pflichten sahen wir uns veranlasst (oder gezwungen), das Arbeitsverhältnis von Herrn X/Frau Y umgehend zu beenden.
c) Wegen einer strafbaren Handlung am Arbeitsplatz (bzw. in Verbindung mit seiner betrieblichen Funktion) sahen wir uns als AG genötigt (oder gezwungen), das Arbeitsverhältnis von Herrn X oder Frau Y fristlos (oder umgehend) zu beenden.

Sollte sich der Arbeitgeber vor seinem Kündigungsausspruch nicht ganz sicher sein, welche Zeugnisformulierung er für diesen speziellen Fall ausstellen kann oder muss, dann empfehle ich jedem Arbeitgeber, sich mit (s)einem Rechtsanwalt – der sich auf das *Arbeitsrecht* spezialisiert hat – zu konsultieren und mit ihm auch die Chancen eines möglichen, durch ihn oder durch eine Klage seines ehemaligen AN zu beraten.

Es überwiegt hierbei jedoch nach meinem Ermessen ***die Pflicht des Arbeitgebers (AG) zur „wahrheitsgetreuen“ Formulierung gegenüber der „wohlwollenden“*** seitens seines AN, weil es sich hier um einen besonderen Einzelfall handelt und der AN gröblich gegen seine Treuepflicht verstoßen hatte, und sich der bisherige AG durch sein Verschweigen gegenüber einem neuen AG auch haftbar machen würde.

Der eventuell neue Arbeitgeber darf demgemäß „im Vertrauen auf den Wahrheitsgehalt des Zeugnisses des früheren Prinzipals“ über den tatsächlichen Grund der Beendigung des Arbeitsverhältnisses weder von ihm noch vom Bewerber oder einer Bewerberin fehlinformiert und dadurch sogar getäuscht werden!

4.5 Was versteht man unter dem Begriff: >>ZEUGNISCODE<<?

Unter einem ***Zeugniscode*** versteht man ***eine geheime Absprache zwischen einem Zeugnis-Aussteller*** (bisherigen Arbeitgeber) ***und einem oder mehreren anderen Arbeitgebern***, die als Leser = Empfänger des Zeugnisses eines sich bei ihnen bewerbenden Arbeitnehmers, über dessen Nichteignung oder Eignung gewarnt bzw. ermuntert werden soll, ohne dass der betroffene Bewerber diese „verschlüsselte Geheimabsprache" kennt.

Der männliche oder weibliche Bewerber – kurz *der Bewerber* genannt – ***der im guten Glauben auf den Wahrheitsgehalt seines Zeugnisses vertraut***, erhält seiner Meinung nach zu oft Absagen und kennt nicht den oder andere Gründe, weshalb er noch nicht einmal zu einem Vorstellungsgespräch eingeladen worden ist.

Die Gründe können zum Beispiel in einer *mehrdeutigen, verschlüsselten Auslegungsmöglichkeit* in Form von

a) Worten oder Begriffen,

b) geschilderten Sachverhalten,

c) besonders betonten bzw. markierten Einzelmerkmalen oder Symbolen und

d) auch in Form von sprachlich versteckten Formulierungen,

liegen, die ein verständiger Dritter – Personal suchender Arbeitgeber – in der vom Zeugnisausteller gewollten anderen Bewertung oder Meinung genauso versteht, wie der Aussteller es auch von ihm erwartet und daraus seine ihm angebotenen Schlüsse zieht und Entscheidungen treffen kann. Diese Arbeitgeber, die diese Geheimabsprachen kennen und sie auch pflegen, sind mir selbst unbekannt und in meinen bisherigen Berufsjahren auch noch nicht über „den Weg gelaufen".

Warum ist es eigentlich zu Geheimabsprachen gekommen? Der Hauptgrund mag im Verlangen des Gesetzgebers darin liegen, dass das schutzwerte Interesse des wirtschaftlich schwächeren, abhängigen Arbeitnehmers gegenüber seinem wirtschaftlich stärkeren, unabhängigen Arbeitgeber im Zeugnis des AG ***mehr wohlwollend als der absoluten Wahrheit gemäß zu formulieren sei***, ohne dass es zu einem gesetzlichen und für alle Parteien bindenden Verhaltens- oder Wörter-, Sätze- und Begriffe-Katalog gekommen ist. Dieser Gedanke wäre auch aus meiner Sicht ein zu tiefer Eingriff des Gesetzgebers in unsere >>Freie Marktwirtschaft<<, in der sich auch das Miteinanderleben von Arbeitgebern und Arbeitnehmern abspielt.

Danach gehören zum einen aber auch, **die Pflicht des AG**, Zeugnisse zu schreiben und zum anderen **sein Recht**, d.h. **die Freiheit** seiner eigenen Zeugnis-Formulierung, an der bisher von allen Gerichten noch nicht gerüttelt worden ist, mit Ausnahme einiger mehr stilistischer Veränderungen, auf die noch eingegangen wird.

Nicht jede mehrdeutige Bewertung oder Schilderung muss gleich einen Code darstellen!

Der Arbeitgeber, der im guten Glauben ins Zeugnis schreibt „... dass seine Sekretärin ‚ein gutes Verhältnis' zu Vorgesetzten und Kollegen hatte, hatte sich überhaupt nichts Zweideutiges bei dieser Formulierung gedacht. Um aber jeder Fehlinterpretation aus dem Wege zu gehen, bestand die Dame zu Recht auf einer Korrektur. Das mehrdeutige Wort ***„Verhältnis"*** wurde von ihrem Arbeitgeber durch das Wort ***„Verhalten"*** umgedeutet und nachgebessert.

Zum Zeugniscode die nüchterne Sprache des Gesetzgebers gem. § 109 (2) Gew.O.:

Das Zeugnis muss klar und verständlich formuliert sein. Es darf keine Merkmale oder Formulierungen enthalten, die den Zweck haben, eine andere als aus der äußeren Form oder aus dem Wortlaut ersichtliche Aussage über den Arbeitnehmer zu treffen.

Hierbei weise ich ausdrücklich darauf hin, dass im Erscheinungsjahr meines Fachbuches in der zweiten Auflage[7] diese vergleichbare Rechtsvorschrift noch in der Gewerbeordnung jedoch im **§ 113 (3)** nur mit folgendem Gesetzestext enthalten war:

Den Arbeitgebern ist es untersagt, die Zeugnisse mit Merkmalen zu versehen, welche den Zweck haben, den Arbeitnehmer in einer aus dem Wortlaut des Zeugnisses nicht ersichtlichen Weise zu kennzeichnen.

„Erkennen Sie bereits jetzt schon die Veränderung des jetzt gültigen Textes im Vergleich zu seinem damaligen Vorgänger?"

In der ursprünglichen Form hatte sich der Gesetzgeber lediglich auf die Formulierungsmöglichkeiten – also auf einen mehrdeutigen Textinhalt – bezogen. Der neue, jetzige Paragraf 109 (2) der Gewerbeordnung bezieht sich zusätzlich auch auf **die äußere Form – des Zeugnisses**, gemeint ist damit auch ***die Gestaltung oder das Aussehen des Zertifikates.***

Um welche versteckten und für den betroffenen AN nicht erkennbaren Verschleierungsmöglichkeiten könnte es sich dabei handeln?

Fast alle bisherigen End-Zeugnisse werden von einem bestimmten Arbeitgeber oder auch von einem (aber uns unbekannten) AG-Kreis üblicherweise auf dem ❶ Geschäftspapier-Vordruck mit ❷ dem Firmenlogo im ❸ DIN-A 4-Format ausgestellt. Fehlt dieses Logo oder wird das Zeugnis ❹ ohne Briefkopf gedruckt oder in einem anderen Format, sind hierbei im Vergleich zu den anderen üblichen Original-Zeugnissen im betroffenen Exponat erhebliche Abweichungen zu erkennen, aber nicht für den Laien, gemeint sind die Arbeitnehmer und Auszubildenden, sondern für zwei korrespondierende und sich verabredende Arbeitgeber oder sogar Arbeitgeber-Branchenkreise. Weitere geheime Absprachen, die auf AN-Nachteile hinweisen sollen, könnten zum Beispiel auch ❺ hälftige Knicke oder an ganz bestimmten ❻ Kanten im Formular hinweisen, aber auch von ehrlichen Arbeitgebern völlig unabsichtlich ohne Warnfunktionen angebracht worden sein.

Es soll sogar nach meinen Erkundigungen (aber nicht eigenen Erfahrungen!) Absprachen gegeben haben mit dem Erkennungsmerkmal der Unterschrift des Arbeitgebers oder HRM-Managers(?), die ❼ im letzten Buchstaben des Namens mit einem Strich nach oben (guter AN) und nach unten (schlechter AN bzw. Bewerber) kenntlich gemacht worden sind, nur nicht für den betroffenen Mitarbeiter.

Nur, wenn diese oder andere bisher „geheimen Merkmale" bei einigen Arbeitgebern bekannt geworden sind, handelt es sich bei ihnen ja gar nicht mehr um eine Geheimsprache – oder? Sprechen Sie doch bitte Ihren Bewerber auf besondere Merkmale an, die Ihnen bei der Durchsicht seiner überlassenen Unterlagen aufgefallen sind, um keine voreiligen, negativen Schlüsse zu seinem Nachteil zu ziehen.

[7] FB Aufbau + Gestaltung von Zeugnissen, G. Prollius, expert Verlag 1996

Oder ein anderes Beispiel von einem im Text verbalisierten Code-Merkmal:

Eine Mitarbeiterin war zwar als eine tüchtige und freundliche Kollegin bekannt, *„sie war es aber nur dann immer, wenn sie auch da war!“* Sie fehlte also – „auf gut Deutsch“ oder „auf schlechtes“ besser gesagt – sehr häufig. Deshalb schrieb ihr Arbeitgeber aus Ärger darüber, dass seine Mitarbeiterin nie länger als 6 Wochen abwesend war, in ihr Abschluss-Zeugnis: „... ***Frau XY kannte sich besonders gut im Entgeltfortzahlungs-Gesetz aus“***, ... obgleich sie weder in der Lohn- oder Gehaltsabrechnung noch in einem anderen Fachgebiet des betrieblichen Personalwesens ihres Arbeitgebers eingesetzt war.

Wenn also schon der Gesetzgeber auf die Möglichkeit von „schädigender Kennzeichnung“ hinweist, taucht doch gleich bei vielen Arbeitnehmern ihre *Arbeitgeber-seitige Gretchenfrage* auf:

„Und wie hältst Du es mit den Zeugnis-Codes?“

Wegen des Ihnen nun schon bekannten hohen Anspruches auf den Wahrheitsgehalt des Zeugnisses einerseits und dem engen Spielraum zwischen einer wohlwollender Ausstellung andererseits besteht in der Öffentlichkeit oft der Verdacht, dass der Arbeitgeber versucht, ***durch sogenannte Zeugniscodes*** den durch die ständige Rechtsprechung festgelegten engen Rahmen der Zeugnisformulierungen zu umgehen!

Grundsätzlich lassen sich abschließend zu diesem Thema folgende Aussagen zu Zeugnisformulierungen sagen:

- Es gibt generell keine überbetrieblichen Absprachen zwischen Personalleitern (HRM-Managern), zwischen bekannten Unternehmen mit eigenen Rechtsabteilungen oder zwischen Arbeitgeber-Verbänden!
- Jedes Unternehmen hat seinen eigenen Zeugnisstil, jedoch unter Berücksichtigung der aus der aktuellen Rechtsprechung korrigierten Formulierungen,
- Großbetriebe wählen öfters eine nüchterne Sprache. Ihre Bewertung nach Leistung, Führung und Verhalten ihrer Mitarbeiter entspricht dem Ergebnis eigener innerbetrieblicher Beurteilungskriterien, die vom ***Human-Resources Management*** (ihrem Personalbereich), kurz **HRM** genannt, entworfen und gemeinsam mit ihrem Betriebsrat unter Wahrung seiner Mitbestimmungsrechte verabschiedet und für alle Personen (mit Ausnahme der „Leitenden Angestellten“) verbindlich eingeführt worden sind.

  Der Vorteil aus dieser gemeinsamen Projektarbeit ist, dass nun jeder einzelne Mitarbeiter, der vielleicht einen Verdacht auf einen in seinem Zeugnis vermeintlichen Code haben könnte, zu jeder Zeit sich nach Rückfragen im Unternehmen davon überzeugen kann, dass das Unternehmen keine Codes anwendet, weil dieses nicht erlaubt ist und der gemeinsame Arbeitgeber ansonsten sich haftbar macht und dadurch in Misskredit geraten würde.
- Mittlere / kleinere Betriebe verwenden oft eine umgängliche, fast eine familiäre Sprache, die jedoch in ihrer Aussage oft nicht ein klares, abgerundetes Bild über ihre Mitarbeiter gibt.
- Bei den Formulierungsarten verschiedener Schattierungen handelt es sich um eine Fach-

sprache, die einem stetigen Wandel unterliegt und sich an üblichen Umgangsnormen ausrichtet.

- Die rechtliche Verpflichtung, ein *richtiges* und *wohlwollendes* Zeugnis zu formulieren, zwingt den Zeugnisaussteller trotz allem, ein aussagefähiges Zeugnis auszustellen und daher keine mehrdeutigen Zeugniscodes zu verwenden.
- Besteht für den Laien (AN und Dritte) beim Lesen des Zeugnisses – auch aus dem Gefühl heraus – für ihn erkennbar eine **negative** Formulierung, so hat der Zeugnisaussteller im Rahmen seiner Ihnen nun bekannten Fürsorgepflicht die Aufgabe, das Zeugnis im Sinne der Klarheit und Wahrheit zu ändern.

4.6 Einige Fälle aus der täglichen Praxis

(alle Namen sind frei erfunden)

FALL 1: Elektro-Fachgroßhandel *„Die Glühbirne"*

- Inhaber: ***Herr und Frau Helle,***
- Mitarbeiterin im Verkauf: ***Frau Isabel Motzig***
- Sonstige Mitarbeiterinnen im Verkauf und Lager
- 1 Auszubildender, genannt ***Azubi***

Die Verkäuferin ***Frau Motzig*** (Angestellte) kündigte ihr Arbeitsverhältnis (in Unkenntnis ihrer damaligen, schriftlich vereinbarten *Kündigungsfrist von 1 Monat zum Monatsende*) an einem Freitag, den 5.8….mit Wirkung zum 31.8. …(!) und trat am folgenden Montag ohne Absprache mit ihrem Arbeitgeber – also eigenmächtig – ihren Resturlaub an. Als Begründung ihrer überstürzten Kündigung gab sie dem Inhaber, Herrn Helle zur Kenntnis, *„…dass sie nicht mehr gewillt sei, wegen des Verhaltens seiner Ehefrau (die Mitinhaberin des Geschäftes, Chefin von Frau Motzig und zuständig für die Bereiche Innendienst, Einkauf, Verkauf, Buchhaltung und Dekoration war) weiter im Betrieb zu arbeiten!"*

Sie forderte aus ihrem Urlaub schriftlich ein Zeugnis von Herrn Helle an, mit Fristsetzung zum 31. August des Jahres.

Der Inhaber der Firma „Die Glühbirne", Herr Helle, nahm die vorfristige Kündigung und das eigenmächtige Verhalten seiner Arbeitnehmerin Frau Motzig hin, besonders auch, um mit seiner lieben Gattin im Frieden weiterzuleben und mit ihr das gutgehende Geschäft weiterzuführen, und erteilte Frau Motzig das von ihr geforderte Zeugnis am letzten Tag des Arbeitsverhältnisses, dem 31.8. wie folgt:

Firmenkopf / Elektrohandel Helle, Anschrift

Zeugnis

Frau Isabel Motzig, geb. am …, war vom 11.09.1999 bis zum 31.08.2001 als Verkäuferin bei uns tätig.
Ihr Tätigkeitsfeld umfasste den Verkauf von Weißware und Elektromaterial. Frau Motzig erledigte die ihr übertragenen Arbeiten zu unserer Zufriedenheit.
Firmensitz, den … Unterschriften von Herrn und Frau Helle

Abb. 4.6-1: Erstes Zeugnis Elektro-Großhandel

Mit diesem Zeugnis war Frau Motzig überhaupt nicht einverstanden und beauftragte einen Rechtsanwalt um Klärung der Sachlage, der ihr u.a. auch einen *Zeugnisentwurf* erarbeitete.

Frau Motzig schrieb sodann einen nicht gerade freundlichen Brief an ihren früheren Arbeitgeber, mit dem Zeugnisentwurf ihres Anwaltes als Anlage und der Aufforderung an Herrn Helle, ihr diesen fremden Entwurf genau so als Endzeugnis zuzusenden.

Zeugnisentwurf der Arbeitnehmerin bzw. der ihres Anwaltes

ZEUGNIS	Mängel
Frau Isabel Motzig, geboren am ..... war vom 11.09. 1999 bis zum 31.08. 2001 als Verkäuferin bei uns tätig. Zu Ihrem vielseitigen Aufgabengebiet zählten u.a.	☹1,2+3
• Disposition, Bestellung und Verkauf von Weißware und Installationsmaterial • Kassenabrechnungen im Vertretungsfall	☺4
• Einarbeitung neuer Kolleginnen	☹5
Frau Motzig erledigte die ihr übertragenen Aufgaben stets zu unserer vollsten Zufriedenheit.	☹6
Wir schätzten Sie als selbständige, mitdenkende Mitarbeiterin.	☹7
Frau Motzig war aufgrund ihres freundlichen Wesens bei der Kundschaft sehr beliebt.	☹8
Sie war auch immer bereit Sonderaufgaben zu übernehmen und stand im Bedarfsfall auch über dem normalen Arbeitszeitrahmen hinaus zur Verfügung.	☹9
Sie war belastbar und behielt auch beim erhöhten Arbeitsanfall die Übersicht.	
Ihr Verhalten gegenüber Vorgesetzten und Mitarbeitern war allzeit korrekt.	☺10
Frau Motzig hat ihr Arbeitsverhältnis gekündigt und verlässt uns auf eigenen Wunsch.	☹11
Da Sie immer eine zuverlässige und vertrauenswürdige Mitarbeiterin war, bedauern wir Ihr Weggehen.	☺12,13, 14,15
Wir wünschen Ihr für die Zukunft alles Gute.	

Abb. 4.6-2: Zweites, fremdes Zeugnis für den Elektro-Großhandel

Sowohl mit der Vorgehensweise von Frau Motzig, ihrem Schreiben, das sich u.a. auf mehrere Arbeitsgerichtsurteile bezog, die sich jedoch auf Einzelfälle bezogen und nicht in ihrem Falle Anwendungen finden konnten, mit dem Inhalt des Zeugnisentwurfs (das mit mehreren Rechtschreibungsfehlern auch noch belastet war) und *last but not least* diesen fremden Entwurf sich zu eigen machen, war das Ehepaar Helle überhaupt nicht einverstanden!

Sie waren „helle" genug und machten sich bei einem ihnen bekannten Unternehmensberater, der sich mit der Zeugnismaterie recht gut auskannte, sachkundig. Sie schrieben Frau Motzig einen Antwortbrief, der im Wesentlichen Folgendes beinhaltete, und überreichten ihr mit ihm ein neues Ersatzzeugnis, mit dem Frau Motzig einverstanden war. Jedenfalls hörte das Ehepaar Helle nichts mehr von ihr!

Und nun eine Bitte an Sie:

Bei der Durchsicht dieses Zeugnisses sind mir Rechtschreibungsfehler, Überflüssiges, Nichtzutreffendes, Unwahres etc. aufgefallen, die nicht (oder nicht mehr) ins Zeugnis gehören. Notieren Sie bitte die Mängel für sich, auf die die schwarzen Pfeilspitzen genau hinweisen. Und mit welchen Schreiben würden Sie anstelle des Ehepaars Helle Frau Motzig antworten?

Hierzu folgende Hinweise bzw. Änderungsvorschläge:

☹ 1: „*Bei uns*" klingt zu familiär! Bei einer Haushaltshilfe möglich. Besser: *In unserem Geschäft oder Großhandel!*
☹ 2: „*Zu Ihrem*" ...! Gilt nur bei einer direkten Anrede, muss kleingeschrieben werden!
☹ 3: „*u.a.*" weist nicht auf wesentliche Aufgaben hin, sondern mehr auf nebensächliche!
☹ 4: Was versteht man unter einer *Weißware*? Sollten mehrere Produkte genannt werden.
☹ 5: *Nicht Kolleginnen eingearbeitet,* sondern nur einmal eine einzige Kollegin! **Unwahr!**
☹ 6: Das damalig höchste Lob für eine MA, die selbst rechtsbrüchig geworden war? **Nein**!
☹ 7: s.u. ☹ 2
☹ 8: Das Kunden-Verhalten war manchmal sehr gespannt. **Unwahr**, besser nicht genannt w.
☹ 9: Arbeitszeit überzogen? Es musste auf ihre Halbtags-Tätigkeit hingewiesen werden!
☹ 10: Ein klassischer Fehler! Im Sprachgebrauch bedeutet *„allzeit korrekt"*: und nicht mehr!
☹ 11: *selbst gekündigt +verlässt uns auf eigenem Wunsch"*= **Doppelgemoppelt,** verstärkt!
☹ 12: *„immer zuverlässig"* = **unwahr,** sondern nur manchmal (vgl. Anschreiben an sie!)
☹ 13: Ihr Arbeitgeber, bestehend aus dem Ehepaar Helle, bedauerte den Weggang von Frau Motzig nicht, den sie auch durch das Nichteinhalten ihrer Kündigungsfristen selbst verursacht hatte.
☹ 14: s.u. ☹ 2

Das Schreiben mit der Zeugnis-Anlage an Frau Motzig:

Firmenkopf / Elektrohandel Helle, Anschrift

Sehr geehrte Frau Motzig, Datum.......

in Ihrem Schreiben vom ..... forderten Sie von uns ein Zeugnis an, ohne uns mitzuteilen, ob Sie ein „einfaches" oder ein „qualifiziertes" Zeugnis beanspruchen. Aus diesem Grunde erstellten wir Ihnen fristgemäß ein *einfaches* Zeugnis, das Sie als Arbeitnehmerin nicht abgeholt haben, sodass wir es Ihnen trotzdem zugesandt hatten. In diesem Zeugnis teilten wir Ihnen mit, dass wir mit Ihren Leistungen zufrieden waren.

Sie begehren jedoch eine Beurteilung Ihrer Leistungen ***„stets zur vollsten Zufriedenheit"***. Diesem können und wollen wir nicht folgen, weil es öfters zu Beanstandungen seitens meiner Frau, Ihrer Vorgesetzten, und auch mir Ihnen gegenüber gekommen ist.

Wir sind auch nicht bereit, ein von Ihnen oder Ihrem Anwalt, der durchaus nicht die betrieblichen Belange unseres Unternehmens kennen und geschweige denn eine Beurteilung Ihres Verhaltens und Ihrer Leistung bei uns vornehmen kann, verfasstes Zeugnis entgegenzunehmen.

Folgende Aufgaben haben Sie nicht oder nicht eigenständig übernommen, wie zum Beispiel:

- Dispositionen vornehmen,
- Kassenabrechnungen mit Status durchführen,
- nur einmal eine Kollegin eingearbeitet, dies aber auch nur widerwillig, und
- einen Auszubildenden (Azubi) – trotz Aufforderung meiner Frau – nicht eingewiesen mit Ihrer Aussage uns gegenüber, „dass es nicht Ihre Aufgabe sei, einen Azubi einzuweisen" usw.

Ihr Verhalten Kunden gegenüber war nur ab und zu freundlich, jedoch nicht ausgeglichen. Leider waren Sie Kunden gegenüber „oft aufbrausend". Meiner Frau gegenüber haben Sie sich ausgesprochen frech verhalten. Der Ton Ihres Schreibens an uns bestätigt dieses. Sie waren in den letzten Monaten Ihrer Tätigkeiten in unserem Geschäft weder freundlich noch zuvorkommend!

-1-

Abb. 4.6-3 (1): Antwortschreiben zum 2. fremden Zeugnis Elektro-Großhandel S. 1

Firmenkopf / Elektrohandel Helle, Anschrift

Seite 2 des Schreibens an Frau Motzig in ...... betreffend Zeugniserteilung vom ....

Wenn wir dennoch Ihr Verhalten uns und Ihren Kollegen gegenüber als „***korrekt***" bezeichnen, dann gehen Sie bitte davon aus, dass mit unserem Wort „korrekt" der Begriff des Wohlwollens gegenüber der Wahrheitspflicht hierbei arg strapaziert wurde.

Ihre gute Sachkunde und Ihren gelegentlichen höheren Arbeitseinsatz beim Saisongeschäft über Ihre regelmäßige Halbtagstätigkeit hinaus haben wir im beigefügten Zeugnis bestätigt.

Ihr fristloses Ausscheiden und Ihre eigenmächtige Urlaubsnahme bedauern wir aufgrund der von Ihnen verursachten Spannungen sicher nicht. Dennoch wünschen wir Ihnen für Ihre Zukunft alles Gute, nicht mehr und nicht weniger.

Hochachtungsvoll!

....

2 Unterschriften des Ehepaars Helle

Anlage: 1 Zeugnis vom .... -2-

Abb. 4.6-3 (2): Antwortschreiben zum 2. fremden Zeugnis Elektro-Großhandel S. 2

Firmenkopf / Elektrohandel Helle, Anschrift

ZEUGNIS (Seite 1)

Frau Isabel Motzig, geboren am ..... war vom 11.09.1999 bis zum 31.08.2001 als **Verkäuferin** in unserem Elektro-Großhandelsgeschäft tätig. Zu ihrem Aufgabengebiet gehörten im Wesentlichen:

- Die Annahme der Waren, das Auspreisen und Einräumen der Weißware (Elektro-Großgeräte und -Kleingeräte) und des Installationsmaterials wie Kabel, Steckdosen u.a.
- Die Verkaufsberatung unserer Kunden.
- Das Erstellen der Lieferscheine für die Bestellungen unserer Großkunden.
- Die Annahme von Reklamationen und von Reparaturaufträgen.
- Die Ausgabe von Leihgeräten bei Garantiefällen und
- Das Führen der Kasse.

Frau Motzig verfügt über gute technische Grundkenntnisse und Warenkunde, die sie sich durch unsere intensive Einarbeitung und auch durch Schulungen unserer Warenhersteller aneignete und auch ständig aktualisierte. Ihre erworbenen Fachkenntnisse ermöglichten es ihr, unsere Kunden hinsichtlich unserer Markenartikel überzeugend zu beraten. Hierbei zeigte sie sich ihnen gegenüber auch hilfsbereit und half gelegentlich bei der Warenübergabe an diese mit.

-1-

Abb. 4.6-4 (1): Drittes Zeugnis Elektro-Großhandel, S. 1

Firmenkopf / Elektrohandel Helle, Anschrift

ZEUGNIS (Seite 2)

Frau Motzig zeigte besonderen Arbeitseinsatz beim Weihnachts-/Saisongeschäft. Sie war stets pünktlich und arbeitete im Bedarfsfall auch über ihre Halbtagsarbeitszeit hinaus mit, wie auch bei unseren jährlichen Inventuren.

Ihre Arbeitskollegin wies sie sachkundig in ihr neues Aufgabengebiet ein, sodass diese auch schon Vertretungsfunktion für Frau Motzig übernehmen konnte. Ihren Vorgesetzten gegenüber zeigte sich Frau Motzig stets korrekt und den Kunden gegenüber hilfsbereit.

Frau Motzig hat ihr Arbeitsverhältnis auf eigenen Wunsch am 31.08.2001 mit uns gelöst. Wir wünschen ihr für die Zukunft alles Gute.

Firmensitz, den……… ……………………… ………………………

2 Unterschriften des Ehepaars Helle

-2-

Abb. 4.6-4 (2): Drittes Zeugnis Elektro-Großhandel, S. 2

FALL 2: Automobil-Handel „Flink"		

- Inhaber/Geschäftsführer: ***Herr Otto Blechle** (Senior) **und Walter Blechle** (Junior)*
- Sekretärin/Assistentin der Geschäftsführung: ***Frau Monika Emsig***
- Zahlreiche Mitarbeiter/innen im Büro/Verkauf, in der Werkstatt und im Lager

Die Sekretärin Frau *Monika Emsig* kündigte ihr Angestelltenverhältnis, weil sie langfristig keine Zukunftsperspektive mehr für sich sah, insbesondere in ihrer Assistenz der Geschäftsführung. Familienmitglieder des Unternehmens „stiegen" in das Geschäft mit ein und übernahmen zunehmend Assistenzaufgaben (auch von Frau Emsig) und Stellvertreterkompetenzen für den Inhaber bzw. für die beiden Geschäftsführer Senior und Junior Blechle.

Frau Emsig sah in dieser Entwicklung eine Gefahr für ihren Job und ein Abrutschen auf nur noch reine Sekretariatsaufgaben. Sie wollte neue, interessante Aufgaben übernehmen, bei denen sie mehr und mehr ihre Verkaufs- und Werbeaktivitäten unter Beweis stellen konnte.

Sie kündigte aus diesen Gründen fristgemäß, aber für Herrn Otto Blechle, ihrem Chef, völlig überraschend. Er war sauer und fühlte sich gegenüber allen Mitarbeitern in seinem Autohandel tief gekränkt, weil seine bei allen Kollegen hoch angesehene Mitarbeiterin ihm jetzt nicht mehr die Firmentreue hielt. Nun sah er sich auch nicht mehr zur weiteren Fürsorge gegenüber Frau Emsig verpflichtet, insbesondere gar nicht mehr zu den ***nachwirkenden Fürsorgepflichten des Arbeitgebers***, zu denen nun einmal auch das Ausstellen eines korrekten, wahrheitsgetreuen und wohlwollenden Zeugnisses gehört! Und wie sah das Aufgabenspektrum von Frau Emsig eigentlich bis dato aus?

Das Aufgabengebiet von Frau Emsig nach ihren eigenen Aussagen

① **Sekretärin – Position der Geschäftsführung (Arbeitsanteil: 40%)**

- Führen des Sekretariates mit allen Arbeitsabläufen,
- Terminplanung und Koordination mit internen und externen Stellen wie Importeuren, Händlern, Kunden und Speditionen,
- administrative Betreuung der Mitarbeiter/Kollegen im Bereich der Personalbetreuung wie Vertragsausstellungen, Arbeitsbescheinigungen, Krankmeldungen etc.
- Betreuung der Gäste und Kunden und
- Pflege des Ablagesystems.

② **Assistentin der Geschäftsführung (Arbeitsanteil: 60%)**

- Verkaufsfördernde Maßnahmen (Briefaktionen, Verkauf- und Sonderaktionen, Entwürfe von Produkt- und Verkaufsanzeigen etc.)
- Kundenberatung beim Kauf von neuen PKWs und Verkauf von gebrauchten PKWs vor Ort von verschiedenen Automobilmarken,
- Disposition von Neufahrzeugen (Bestellen der Fahrzeuge unter Berücksichtigung der Kundenwünsche und Wagenanlieferungen über Importeure,
- Teilnahme an diversen Messen.

Eigene Leistungs- und Verhaltens-Beurteilung/Einschätzung von Frau Emsig:

Organisationstalent:	***Sehr gut**, da häufiges Durchführen von Orga-Maßnahmen bisher erfolgreich erledigt.*
Produktkenntnisse:	*Technisch gesehen **als Frau sehr gut**. Ihre Kenntnisse werden auch als Verkaufsargumente von den Verkäufern gerne benutzt.*
Initiative:	*Sie entwirft selbständig Verkaufsanzeigen und initiiert viele Aktionen.*
Belastbarkeit:	*Sie übernahm unterschiedliche Aufgaben, hatte keine geregelte Arbeitszeit und leistete im Notfall auch selbstverständlich Überstunden.*
Loyalität:	*Sowohl zu ihrer früheren Firma und den Produktprogrammen. Die Loyalität zu ihrem Vorgesetzen und männlichen und weiblichen Kollegen stand nie im Zweifel.*

Frau Emsig forderte von ihrem (ehemaligen) Arbeitgeber, Herrn Blechle sen., sehr häufig, aber bisher nur mündlich, die Ausstellung eines „qualifizierten“ Endzeugnisses für Bewerbungszwecke. Da sie ihm keine Frist gesetzt hatte, erhielt sie das Zeugnis immerhin erst nach 3,5 Monaten ihrer damaligen Tätigkeit.

Über sein ausgestelltes Zeugnis war sie – sowohl was den Inhalt, die Ausgestaltung, die Ausstellungszeit und die Bewertung/Gewichtung ihrer damaligen Tätigkeiten betraf – nahezu erschüttert. Aus diesem Grunde wandte sie sich an eine Personalberatungs-Firma mit der Bitte um Unterstützung, bevor sie einen Rechtsanwalt einschalten würde.

Dieses teilte sie ihrem früheren Arbeitgeber telefonisch mit. Hierüber war er weder erstaunt noch in irgendeiner Weise berührt und nahm auch kommentarlos zur Kenntnis, ihm ihren Zeugnisentwurf als Grundlage für sein zu erstellendes Abschlusszeugnis zu senden.

Inhalt des ersten Zeugnisses ihres früheren Arbeitgebers

Firmenkopf / Automobilhandel Flink, Anschrift

ZEUGNIS

Fr. Monika Emsig, geb. Schnell am ... in ..., wurde mit Wirkung vom 01.06.2006 in unserem Unternehmen als Sekretärin der Geschäftsleitung eingestellt.

Neben den mit dieser Funktion verbundenen umfangreichen Sekretariats-Aufgaben hat Frau Emsig auch qualifiziert und verantwortungsbewusst in den Aufgabengebieten

- Werbung
- Organisation von Messen
- Präsentationen und diverse PR-Maßnahmen
- Kundenbetreuung
- Neuwagendispositionen

mitgewirkt.

Frau Emsig hat alle übertragenen Arbeiten zu unserer vollsten Zufriedenheit erledigt. Bei Vorgesetzten und Kollegen war sie wegen ihrer freundlichen und hilfsbereiten Art geachtet und beliebt.

Frau Emsig hat unser Unternehmen auf eigenen Wunsch zum 31.03.2011 verlassen, weil sie sich beruflich verändern wollte. Wir wünschen ihr für ihre neue Herausforderung sowie persönlich alles Gute, Gesundheit, Glück und Erfolg.

Firmensitz, den .... (rückdatiert!) Firmenstempel Unterschrift des Arbeitgebers

....

Abb. 4.6-5: Zeugnis 1 Automobilhandel

Anm.:

Dieses Zeugnis ist grundsätzlich positiv gehalten, gibt aber inhaltlich nur andeutungsweise das gesamte Aufgabenspektrum mit Merkmalen und geforderten Kenntnissen und Fähigkeiten wieder. Ihre Sekretärin-Tätigkeiten werden alle vom Arbeitgeber in einen Topf geworfen, *„weil die ja alle bekannt sind – oder?"* Wenn der AG aber selbst in das Zeugnis hineinschreibt, dass seine frühere Mitarbeiterin sich **beruflich verändern wollte** – *besser „beabsichtigt"*–, was ihn aber gar nichts angeht, geschweige denn ihre Absicht (die sich ja je nach Marktlage und Arbeitsplatzangebot ändern kann) im Zeugnis zu vermerken, befindet sich Frau Emsig in ihren Vorstellungsgesprächen im Zugzwang der Erläuterungen!

Und ihre künftigen Bewerbungs-Interviewer suchen eine Person, die genau den geforderten Kenntnissen und Fähigkeiten für ihren ausgeschriebenen Arbeitsplatz entsprechen. Also für eine Chef-Sekretärin, PKW-Verkäuferin, Mitarbeiterin im Werbungsbereich oder in der Messebetreuung und im Kundendienst? Sie hatte mehr Glück mit dem geänderten Zeugnis:

Inhalt des zweiten, geänderten und „qualifizierten" Zeugnisses ihres Arbeitgebers

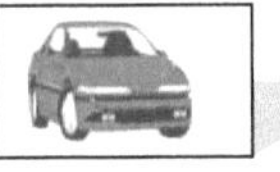

Firmenkopf / Automobilhandel Flink, Anschrift

ZEUGNIS

Frau Monika Emsig, geb. Schnell am ... in ...., war in der Zeit vom 01.02.2006 bis zum 31.03.2011 sowohl als *Sekretärin* als auch später als *Assistentin der Geschäftsleitung* eingesetzt.

Als **Sekretärin der Geschäftsleitung** übernahm sie schon nach kurzer und intensiver Einarbeitung selbständig die Führung des Sekretariats mit allen dazugehörigen organisatorischen Aufgaben, Arbeitsabläufen und die interne und externe Korrespondenz. Weiterhin war sie auch zuständig für die administrative Betreuung unserer Mitarbeiter und die Pflege ihrer Personalunterlagen sowie für unsere Gästebetreuung.

Frau Emsig arbeitete sich sehr engagiert in unsere Bereiche Marketing, Werbung und Verkauf ein und übernahm zusätzlich noch die Funktion der **Assistentin der Geschäftsleitung** mit folgenden Schwerpunkten:

① Mitarbeit am Entwurf von verkaufsfördernden Maßnahmen, wie Mailing, Verkaufs- und Sonderaktionen sowie Produkt- und Verkaufsanzeigen,
② Kundenberatungen für den Verkauf unserer PKWs der Sondermodelle X, Y und Z,
③ Neufahrzeug-Dispositionen mit unseren Importeuren auch in englischer Sprache.

Frau Emsig wurde ebenfalls mit der Vorbereitung und Durchführung von hausinternen und externen Präsentationen, wie zum Beispiel der *X-Messe*, der *Y-Messe* und der erfolgreichen *Z-Messe in ...* betraut, die für uns recht positiv verlaufen waren. Hier kamen Frau Emsig und uns ihre ausgezeichneten Produktkenntnisse und ihr organisatorisches Talent sehr zugute.

Frau Emsig hatte in ihrer fünfjährigen Mitarbeit in unserem Unternehmen sehr gute Arbeit geleistet und viele Ideen und Anregungen verwirklichen können. Sie übernahm auch oftmals über ihre normale Arbeitszeit hinaus – sogar an Wochenenden – Sonderaufgaben bei *Verkaufsaktionen* und zeigte sich unserem Unternehmen, der Geschäftsleitung, den Mitarbeitern und unseren Produkten gegenüber stets loyal. Sie überzeugte uns in beiden Funktionen aufgrund ihrer Fachkompetenz, Freundlichkeit und Hilfsbereitschaft den anderen Mitarbeitern gegenüber.

Frau Emsig beendete ihr Arbeitsverhältnis auf eigenen Wunsch, um neue Aufgaben zu übernehmen. Wir wünschen ihr hierfür weiterhin viel Erfolg.

Firmensitz, den 31.03.2011 Firmenstempel Unterschrift des Arbeitgebers

....

Abb. 4.6-6: Zeugnis 2 Automobilhandel

Anm.:

Ihre Nachfolgerin schrieb auf Weisung ihres Chefs dieses Zeugnis inhaltlich genauso ab und sandte es ihr – unterschrieben vom Senior – an ihre Hausadresse mit den besten Grüßen von der Mannschaft! Vielleicht hatte sie sich eine Zeugniskopie als Ansporn davon gemacht?

4.7 Einige Fälle aus der früheren Rechtsprechung (Leitsätze oder Leidsätze?)

FALL 1: >> ***Neun Monate ohne Beanstandungen!*** <<
LAG Düsseldorf (Urteil vom 20.11.79 /s.a. DB 89, S. 2107)

Zunächst ist davon auszugehen, dass dem Arbeitgeber bei der Beurteilung der AN-Leistungen ein weitgehender Beurteilungsspielraum zusteht. Hebt sich eine Tätigkeit aus dem Durchschnitt heraus, wenn sie während der neunmonatigen Beschäftigung niemals zu beanstanden war (meine Anm.: zum Beispiel durch eine Verwarnung oder Abmahnung), so verdient sie daher ein Herausheben durch die Formulierung: ***„stets zu unserer vollen Zufriedenheit"***.

Von einer ***lediglich ausreichenden Erfüllung*** *der übertragenden Aufgaben* kann in einem solchen Fall nicht gesprochen werden. ***„Ausreichend ist eine Leistung nämlich schon, wenn es zu gewissen Beanstandungen kommt, sei es, dass die Arbeit nicht in einer bestimmten Zeit erledigt wird, oder sei es, dass (Anm: nur) in Einzelfällen an der Ausführung der Arbeit kleinere Fehler zu konstatieren sind.***

>> ***Hierzu ein anderer Fall***<<
Arbeitsgericht Siegen (Urteil vom 30.05.80, ARST 1980, Nr. 1232

Eine Tätigkeit, die ***durchgehend ohne Beanstandung***, *aber ohne jegliches Lob geblieben ist,* hebt sich nicht so sehr aus dem Durchschnitt heraus. In einem solchen Fall kann einem Arbeitnehmer nur (?) bescheinigt werden, dass seine Leistungen ***„stets zu unserer Zufriedenheit"*** verrichtet worden sind. Durch die Hinzufügung des Wortes ***„stets"*** werden die bescheinigten zufriedenstellenden Leistungen so ***hervorgehoben,*** dass sie einen gehobenen Durchschnitt und (damit im Klartext) befriedigende Leistungen darstellen.

>> ***Hierzu ein anderer Fall***<<
LAG Frankfurt (Urteil vom 10.07.87, BB 1987 1980, Seite 2370

Bewertet der Arbeitgeber die Leistung in einem Zeugnis mit ***„zu unserer Zufriedenheit"***, so bringt er, wie dargelegt, damit zum Ausdruck, der Arbeitnehmer habe unterdurchschnittliche, aber ausreichende Leistungen erbracht.

Der Erfüllungsanspruch (Anm.: des Arbeitgebers) ist auf die Erteilung eines richtigen, ordnungsgemäßen Zeugnisses gerichtet. Wendet der Arbeitgeber (AG) ein, ***„das Zeugnis ist inhaltlich richtig"***, so ist er als Schuldner hier darlegungs- und beweispflichtig.

Hier (Anm.: für diesen Fall) ***hat der AG im Einzelnen den Nachweis zu erbringen, dass er den Arbeitnehmer (AN) mit der Beurteilung seiner Leistungen „als ausreichend" im Rahmen des ihm zustehenden Beurteilungsspielraumes zutreffend beurteilt hat!***

Anm.: In diesem Fall wäre es meiner Ansicht sinnvoll gewesen, das Zeugnis mit einem Anschreiben zu versehen, in dem inhaltlich die Beanstandungen im Einzelnen aufgezeigt worden sind – wie im Falle des *Elektro-Fachgroßhandels Glühbirne*. Sollte der AG aber nur *Vermutungen dem Richter gegenüber bringen vorkönnen,* hat er keine Chancen!

FALL 2: >> *Schlussformulierung im Zeugnis*<<
LAG Hamm (Urteil vom 2.09.85, ARST 87, Nr. 1150)

Ein ***Arbeitnehmer*** bestand darauf, dass sein Arbeitgeber in das Zeugnis ***seinen tatsächlichen Austrittsgrund*** angab. Unter einem vom AN verlangten, in das Zeugnis aufzunehmenden „Beendigungsgrund" ist nur eine **Tatsache** zu verstehen, aufgrund derer ein Arbeitsverhältnis (AV) aufgelöst wird. Umstände, wie das AV aufgelöst wird – also ob mit oder ohne Einhaltung der Kündigungsfrist – sind keine Beendigungsgründe* in diesem Sinne.

*Anm.. **Private Gründe von Arbeitnehmern können z.B. sein:**

① Pflege einer bettlägerigen Mutter, ② Betreuung von kleinen Kindern, ③ Mithilfe beim Aufbau einer Existenz des Ehepartners,

Für diese Fälle bietet sich folgende Schlussformulierung an: „Frau S. beendet ihr Arbeitsverhältnis mit uns aus familiären oder persönlichen Gründen. Wir wünschen ihr privat alles Gute!"

Oder:

④ Aufnahme eines Studiums, ⑤ Aufnahme eines Sprachkurses im Ausland, ⑥ Aufbau einer eigenen Existenz.

Für diese Fälle kann m.E. auch einer dieser Gründe – aber unbedingt mit dem Wort ***„beabsichtigt"*** – angegeben werden. Für den AN bleibt jedoch ein Restrisiko im Zeugnis bestehen, wenn er das beabsichtigte Studium oder seinen Auslandsaufenthalt doch nicht aufgenommen oder beendet hatte. Auf diesen Schlusssatz in seinem Zeugnis von Interviewern in den Bewerbungsgesprächen angesprochen, muss er „gute und nachvollziehbare Gründe" parat haben, um nicht in die eigene, geforderte Zeugnis-Falle hineinzufallen.

>> Hierzu ein anderer Fall der Schlussformulierung<<
LAG Düsseldorf (Urteil vom 22.01.88, ARST 88, Nr. 129)

Das LAG in Düsseldorf hatte sich im Revisionsverfahren in diesem Fall mit folgender Schlussformulierung eines Arbeitgebers (AG) zu befassen: ***„Das Arbeitsverhältnis endete am 10.06.1985 durch fristlose, arbeitgeberseitige Kündigung."***

Dieses LAG hatte die Worte und die Formulierung (s. oberer letzter Satz) nicht anerkannt und ausgeführt, ... ***dass es zwar objektiv den Tatsachen entspreche, dass das AV fristlos (am 10.06.1985) gekündigt worden ist,*** *dass es gleichwohl aber genüge, wenn dies zum Ausdruck gebracht werde, wenn nur der Beendigungszeitpunkt „10.06." im Zeugnis vermerkt sei.*

Anm.: Das Ergebnis in diesem Rechtstreit ist ein klassisches Beispiel dafür, wie zwar die AG-Pflicht auf der einen Seite durch das Festhalten des ungewöhnlichen Kündigungsdatums der Wahrheit entspricht (also nicht wie bei Kündigungen üblich am Wochen-, Monats- oder Jahresende), sondern auch auf der anderen AN-Seite (trotzt der Kündigungsgründe, die in einem groben AN-Fehlverhalten lagen) nur das Datum anzugeben ist, das möglicherweise von künftigen Arbeitgebern überlesen werden kann. Somit hatte der AN vielleicht noch einmal eine Chance, in seinem langen Berufsleben im **„Wohlwollen"** wieder eingestellt zu werden! >> **FAIR – nicht? <<**

Straftaten und Formulierung

Nach heutiger Rechtsauffassung müssen Straftaten des Arbeitnehmers (AN), die zugleich seine Pflichten im Arbeitsverhältnis verletzen, wie z.B. Unterschlagungen, Diebstahl oder Untreue, in einem auf „Führung" (gemeint ist auch das *Verhalten*) und „Leistung" ausgedehnten „qualifizierten" Abschlusszeugnis erwähnt werden, um eine Haftung des Zeugnis ausstellenden Arbeitgebers (AG) Dritten gegenüber auszuschließen.

Dieser ***Ehrlichkeitsnachweis*** gilt auch dann, wenn der betroffene Arbeitnehmer wegen des Vorwurfes der Unehrlichkeit aus dem Betrieb seines Arbeitgebers ausscheidet, dieser aber im Vergleich mit seinem AN sich ihm gegenüber **verpflichtet** hat, keine ungünstigen Äußerungen über ihn verlauten zu lassen.

Auf die Wahrheitspflicht kann sich der Arbeitgeber hierbei nicht berufen! (so früher einmal das Arbeitsgericht in Celle) und weiter: Der AG kann die Bescheinigung der Ehrlichkeit nicht mit der Begründung verweigern, die im Rechtsstreit gegen den Kläger (AN) erhobenen Vorwürfe würden die Bescheinigung im Hinblick auf die Wahrheitspflicht verbieten.
Er ist an seine Verpflichtung im damaligen Vergleich gebunden!

Anm.: Weil dieses – nach meinem Empfinden *kumpelhafte – Agreement* zwischen AG und AN nur aus der Sicht des betrogenen AG darauf hinauslief, dass beide Parteien sich schnellstmöglich voneinander trennen, und die AG-seitigen Vorwürfe als Entlassungsgründe vielleicht nicht in allen Fällen nachgewiesen werden konnten, war es zu diesem verabredeten, schnellen *Kuhhandel* gekommen. Wer auch immer der Veranlasser hierfür war.

Und an welche Vereinbarung ist nun dieser AG gebunden? An die grundsätzlich bestehende *Ehrlichkeitspflicht ≅ Offenbarungspflicht* gegenüber anderen Arbeitgebern, die man nicht leichtfertigt gegenüber Dritten mit einer anderen, dem untreuen AN im Wohlwollen abgeschlossenen Vereinbarung – wider alle guten Sitten und Normen – abschließen darf? Was er doch eigentlich nicht durfte?

Auch hatte sich der Arbeitgeber mit seinem Verhalten auf ein gefährliches Glatteis begeben. Sein ehemaliger untreuer Arbeitnehmer und er haben sich durch das beidseitige Verschweigen aller Unredlichkeiten im Endzeugnis schuldig verhalten und haftbar gemacht.

FALL 3: ***>>Schadenersatz wegen Ausstellung eines falschen Zeugnisses<<***
BGH (Urteil vom 15.05.1979, VI ZR 230/76, DB 1979, S. 2378)

Ein Buchhalter hatte erhebliche Unredlichkeiten während der Dauer seines Arbeitsverhältnisses begangen. Aus „Mitleid" erhielt er von seinem Arbeitgeber ein Zeugnis, in dem ihm bestätigt wurde, „dass man es mit einem ***zuverlässigen*** und ***verantwortungsvollen*** Mitarbeiter zu tun habe, welcher die ihm übertragenden Aufgaben ***zur vollen Zufriedenheit*** erfüllte. Das entsprach jedoch nicht den Tatsachen; der Zeugnisinhalt war in diesen drei Punkten **objektiv unwahr.**

Der bisherige Arbeitgeber – wohl bald seiner unwahren Formulierung bewusst – bat einen Rechtsanwalt nach dem Ausscheiden seines untreuen Arbeitnehmers um Bearbeitung der Sachlage, aber leider zu spät!

Der untreue Buchhalter fand sehr schnell einen neuen, gleichen Job und griff dort ansehnlich in die Kasse in Höhe von damaligen DM 100.000!

Der neue, nun auch betrogene Arbeitgeber, nahm die Ermittlung auf und erfuhr von dem früheren Arbeitgeber, dass derselbe Buchhalter bei ihm, dem früheren Arbeitgeber, ebenfalls Veruntreuungen vorgenommen hatte. Daraufhin verklagte der neue Arbeitgeber den früheren AG auf Schadensersatz in derselben Höhe von DM 100.000.–.

Er gewann den Prozess vor dem BGH!

Aus den Entscheidungsgründen des Bundesgerichtshofes (BGH):

❶ Der frühere Arbeitgeber hatte durch das Zeugnis, das den ausgeschiedenen Mitarbeiter als einen *vertrauenswürdigen Buchhalter* auswies, einen aus nachträglicher Sicht *gefährlichen, falschen Eindruck* erweckt.

❷ Die Pflicht, *eine anfänglich unrichtige Auskunft* wenigstens *nachträglich zu berichtigen* und so die von *ihr einem anderen drohende Gefahr abzuwenden*, hat der Bundesgerichtshof mehrfach bejaht.

❸ Für den Arbeitnehmer ist *das Dienstzeugnis ein wichtiger Faktor in seinem Arbeitsleben*, insbesondere für das berufliche Weiterkommen *und für die freie Wahl des Arbeitsplatzes.*

❹ Insoweit legt die *Zeugnispflicht* dem Arbeitgeber *eine soziale Mitverantwortung* auf, *welche über das beendete Dienstverhältnis hinausgeht.*

❺ Diese ihm zugedachte Funktion kann das Dienstzeugnis aber nur dann erfüllen, wenn der Rechtsverkehr *ihm eine Verbindlichkeit* zuerkennt, welche es aus der Übernahme einer gewissen *Mindestgewähr des Ausstellenden* für den Inhalt des Zeugnisses *auch gegenüber nachfolgenden Arbeitgebern bezieht.*

❻ Die Mindestgewähr muss *nach Treu und Glauben* eine Einstandspflicht des Ausstellers dafür beinhalten, dass der Dritte *durch eine bewusste Unrichtigkeit des Zeugnisses keinen Schaden erleidet.*

❼ Der Adressat des Zeugnisses darf damit rechnen, dass er jedenfalls unter solchen bestimmten Umständen umgehend pflichtgemäß *von einer zunächst unverschuldeten Unrichtigkeit gewarnt wird* und hat aus der im Zeugnis enthaltenen Verpflichtung zu einer Mindestgewähr *Anspruch auf Schadloshaltung*, wo dies versäumt worden ist.

❽ ***Ein Zeugnis, das einen einer sechsstelligen Unterschlagung schuldigen Buchhalter als zuverlässig erscheinen lässt, ist absolut irreführend!***

Anm.: Dieser Fall soll jeden Arbeitgeber und auch Sie als Leser/in zum Denken und Handeln anregen. Verschweigt der Arbeitgeber z.B. eine schuldhafte Verletzung der arbeitsvertraglichen Pflichten seines AN, dann handelt er grob fahrlässig, wenn nicht sogar arglistig.

Wenn man Zeugnisse nur noch wohlwollend schreibt und wesentliche Tatsachen oder Umstände wie oben verschweigt, dann darf kein anderer Arbeitgeber mehr auf den vom Gesetzgeber verlangten Wahrheitsgehalt vertrauen. Und dann ist das Zeugnis für alle Drei auch nicht mehr fair, wozu wir alle es nicht kommen lassen wollen!

5. Erfüllung des Zeugnisanspruchs

5.1 Fälligkeit und Erfüllung

Der Anspruch auf Erteilung eines Zeugnisses entsteht gemäß § 630, Abs.1 BGB in Verbindung mit dem § 109 der GewO.

„Bei der Beendigung eines dauernden Dienstverhältnisses kann der *(zur Dienstleistung)* Verpflichtete (DL) von dem anderen Teil *(i.d.R. sein Dienstgeber)* ein schriftliches Zeugnis über das Dienstverhältnis und dessen Dauer fordern (*gemeint ist hierbei das „einfache" Zeugnis!*) Das Zeugnis ist auf Verlangen (*des DL*) auf die Leistungen und die Führung (*gemeint ist mit dem Wort Führung auch das Verhalten*) im Dienst zu erstrecken (gemeint ist hierbei das „qualifizierte" Zeugnis).

Im Satz 4 dieses Paragrafen vermerkt der Gesetzgeber ausdrücklich, dass nunmehr dieselben Pflichten und Rechte für die Arbeitgeber und Arbeitnehmer (inkl. Praktikanten etc.) in dem § 109 der Gewerbeordnung (GewO) Anwendung finden, auf die ab dem 2. Abschnitt dieses Fachbuches bisher detailliert – wie Ihnen nun bekannt – eingegangen worden ist.

Aus dem Wortlaut des BGB wird im Allgemeinen gefolgert, dass der Anspruch auf die Zeugnisausstellung tatsächlich erst *mit dem (letzten) Tag der rechtlichen Beendigung des Dienstverhältnisses* gegeben ist. Möglicherweise bezog sich der Gesetzgeber früher noch hinsichtlich der zum Dienste Verpflichteten, auf deren *Lebens- und Dienstzeit-Dauer* oder noch *auf unbestimmte Zeit* abgeschlossen Dienstverträge.

Im Falle der Arbeitsverhältnisse werden wegen der unbestimmten Wirtschaftslagen und Beschäftigungsmöglichkeiten und bei der Vielfalt von Arbeitsverträgen diese auf kürzere Tätigkeits- und Kündigungsfristen angewandt. Die Arbeitnehmer benötigen jedoch bereits schon vor der rechtlichen Beendigung ihres AV einen Nachweis über ihre bisherigen Fähigkeiten, Leistungen, Kenntnisse und Erfahrungen, weil sie sich – ausgerichtet auf das Ende ihrer derzeitigen Tätigkeit – zeitlich schon vorher bewerben müssen, um anschließend bei einem anderen AG weiterzuarbeiten.

Aus diesem verständlichen Grund benötigen die scheidenden AN schon vorher ein **Zwischenzeugnis als Nachweis,** das inhaltlich genauso aufgebaut ist wie das Endzeugnis, wenn sich die bisherigen Tätigkeiten und Arbeitszeiten nicht wesentlich verändert haben.

Diesen Anspruch auf Erteilung eines **vorläufigen Zeugnisses** (Zwischenzeugnis) hatte das LAG Nürnberg mit seinem Urteil vom 26.09.1986 (ARSt. 1986, Nr. 120) bereits herausgestellt.

Hierzu fast ein Jahr später das BAG im Urteil vom 27.2.1987 (EZA, § 630 BGB, Nr. 11):
„Ein fristgerecht entlassener Arbeitnehmer hat (≅ *muss*) spätestens mit der tatsächlichen Beendigung des AV Anspruch auf ein endgültiges Zeugnis (*Endzeugnis).* Dieser Anspruch, so hat das BAG auch herausgestellt, ist auch nach § 629 BGB begründet, denn >>*der AN benötige das Zeugnis in erster Linie zur Stellensuche. Ein entlassener AN ist gehalten, sich um eine neue Beschäftigung zu bemühen, selbst wenn er die Kündigung für unwirksam hält und mit einer Kündigungsschutzklage eingreift*<<."

Der Fall eines verspäteten Zeugnisses

Rechtsanwalt Dr. Frey berichtete über einen typischen „Arbeitgeber-Fehler". Es verzögerte sich – wie das so häufig in größeren Unternehmen passiert – die termingerechte Ausstellung des Zeugnisses wegen interner Rückfragen, Meinungsverschiedenheiten über die zu beurteilende Leistung, oder auch nur deshalb, weil kein kompetenter Vorgesetzter anwesend war, um seine Unterschrift unter das Zeugnis zu leisten. In nicht seltenen Extremfällen erhält der inzwischen ausgeschiedene Mitarbeiter sein Endzeugnis erst nach Monaten (vgl. hierbei unseren Fall 2 („Automobilhandel Flink"). Eine solche lange Verzögerung ist nach Dr. Frey nicht ungefährlich!

Der betreffende Arbeitgeber (AG) macht sich gegebenenfalls wegen verspäteter Erteilung des Zeugnisses schadenersatzpflichtig. Dieser Schaden kann erheblich sein, wenn dem ausgeschiedenen Mitarbeiter **nachweisbar** eine Beschäftigungs-Chance entgeht, >>*weil er das Zeugnis bei einer Bewerbung oder in der Probezeit nicht vorlegen konnte*<<.

Das BAG (Bundesarbeitsgericht) lässt für den Schadenseintritt eine *gewisse Wahrscheinlichkeit* genügen. Ähnliche Grundsätze gelten auch für den Fall, dass ein Zeugnis zwar erteilt wurde, dieses aber unzulässige, nachteilige Bewertungen enthielt. So kann bei arbeitslosen ehemaligen Mitarbeitern ein entsprechender Schadensersatz in Höhe der AFG-(Arbeitsförderungs-Leistungen) ggfs. auf das Arbeitsamt übergehen.

Die Zeugnisübergabe

Grundsätzlich erfüllt der AG den Zeugnisanspruch, wenn der AN von ihm ein den Normen – und wie bisher geschildert, was Form, Inhalt und Unterschriftsleistung betrifft – entsprechendes Endzeugnis erhält. Es bietet sich hierbei an, **vor der offiziellen Übergabe** dieses mit dem betreffenden AN zu besprechen, um ggfs. noch berechtigte Wünsche des AN zu berücksichtigen (vgl. Fall unter Punkt: *Zwischenzeugnis*, Seite 24). „Formvollendet" handelt der Arbeitgeber wohl, wenn sein Vorgesetzter oder ein Personaler (Mitarbeiter aus dem HRM-Bereich) dem betroffenen Mitarbeiter das Zeugnis persönlich zur Einsicht überreicht. Ist er mit ihm einverstanden, dann erhält er sein Original-Zeugnis und eine Kopie mit identischem Inhalt zum Zwecke der Bewerbung. Der Erhalt wird ihm gegen Quittung ausgehändigt. So kann er m.W. nicht die Fotokopie durch Veränderungen manipulieren. Ein neuer, interessierender Arbeitgeber wird sich vorher das bzw. *die Arbeitszeugnisse im Original* vorzeigen lassen.

Zeugnis schicken oder holen lassen?

1.Fall: „Übergabe: Eine Anwaltsgehilfin klagte!" Holschuld oder Bringschuld?
BAG (Urteil vom 08.03.1995, 5 AZR 848/95)

Eine Anwaltsgehilfin in Kassel klagte gegen ihren früheren Arbeitgeber (AG) auf Aushändigung ihres Arbeitszeugnisses nach einjähriger Dienstzeit. Ihr jetziger Arbeitgeber war zugleich auch ihr Prozessbevollmächtigter.

Die AN verlangte von ihrem früheren AG, „dass er ihr das Zeugnisse **zuschicke**". Den Grund ihres Begehrens gab sie dahingehend an, *„... dass es ihr nicht zuzumuten sei, wegen des damaligen schlechten Betriebsklimas das Zeugnis von ihrem ehemaligen Arbeitgeber* ***abzuholen.*** *Der Umgangston in der Kanzlei bereite ihr eine unerträgliche Pein!"*

Ihr ehemaliger Arbeitgeber (Rechtsanwalt!) war nicht bereit, ihr das Zeugnis zuzusenden.

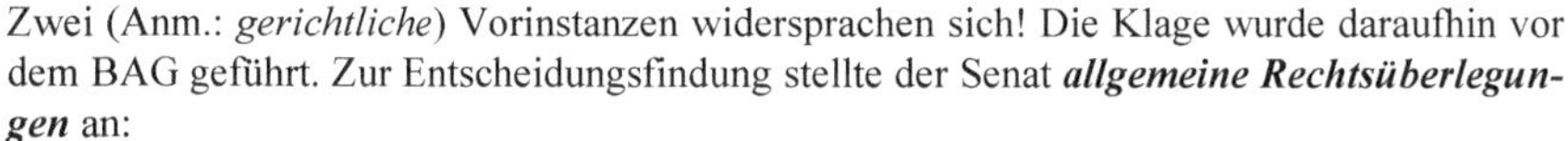

Zwei (Anm.: *gerichtliche*) Vorinstanzen widersprachen sich! Die Klage wurde daraufhin vor dem BAG geführt. Zur Entscheidungsfindung stellte der Senat ***allgemeine Rechtsüberlegungen*** an:

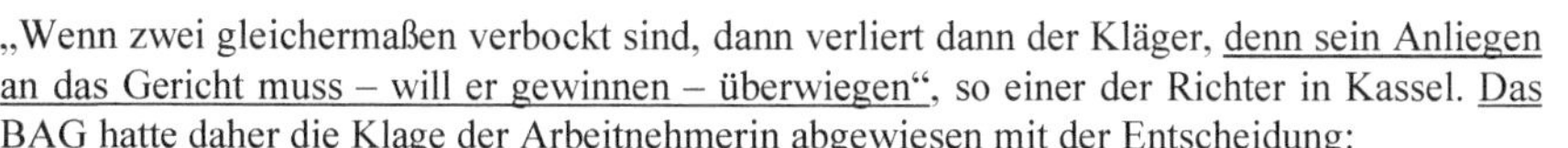

„Wenn zwei gleichermaßen verbockt sind, dann verliert dann der Kläger, denn sein Anliegen an das Gericht muss – will er gewinnen – überwiegen“, so einer der Richter in Kassel. Das BAG hatte daher die Klage der Arbeitnehmerin abgewiesen mit der Entscheidung:

Es handele sich hierbei um eine Holschuld, Die Holschuld werde nur dann – ausnahmsweise – eine „Schickschuld“, wenn das Abholen des Zeugnisses für den Arbeitnehmer (AN) mit unzumutbaren Belastungen verbunden sei! Eine solche Ausnahme könne zum Beispiel vorliegen, wenn der AN weit entfernt wohnt.

Die Arbeitnehmerin musste ihr Zeugnis abholen – und die Kosten tragen!

Schadenersatzansprüche des Arbeitnehmers

Ein Arbeitgeber (AG), der seine Zeugnispflicht verletzt hatte, schuldete dem betroffenen Arbeitnehmer (AN) ***Ersatz des dadurch entstandenen Schadens***, sowohl ***wegen Schlechterfüllung*** (falsche Angaben im Zeugnis, keine kompetente Unterschrift und Formalien nicht eingehalten (i. S. der §§ 280 + 281 BGB) ***oder wegen Schuldnerverzugs*** (i. S. des § 286 BGB).

In beiden Fällen setzt der Schadenersatzanspruch nicht nur voraus, dass das Zeugnis mit Fehlern behaftet oder verspätet ausgestellt wurde, und dass dem AN ein Sachschaden entstanden ist, sondern auch, dass der eingetretene Schaden auf ***der schuldhaften Verletzung der Zeugnispflicht*** *beruht.*

Es ist jedoch Sache des AN, darzulegen und ggfs. zu beweisen, *dass ein bestimmter AG bereit gewesen wäre, ihn einzustellen, jedoch das Fehlen des Zeugnisses ihn* (Anm.: den neuen AG) davon *abgehalten hat, ihn* (Anm.: den betroffenen und durch seinen früheren AG benachteiligten Arbeitnehmer) *einzustellen. Nur aufgrund eines solchen Vortrages kann sich das Gericht (im Sinne der ZPO) von dem wahrscheinlichen Verlauf der Dinge ein Bild machen* (BAG, 26.2.76, EZA § 630 BGB).

Anmerkung:
Hier gerät meiner Ansicht nach der Arbeitnehmer u.U. in Beweisnot. Bei dem Kausalitätsnachweis kann der § 287 ZPO dem AN zu Hilfe kommen und eine gewisse Wahrscheinlichkeit des Ursachenzusammenhanges genügen. Abschließend sei auch gesagt, dass ein Arbeitnehmer die klageweise Geltendmachung auf Ausstellung eines ordnungsgemäßen Zeugnisses nicht auf Monate hinauszögern darf, insbesondere dann nicht, wenn er nachträglich wegen Verletzung der Zeugnispflicht Schadenersatzansprüche gegen seinen Arbeitgeber geltend macht. (So das BAG Urteil v. 17.10.72/BB 1973, S. 195).

In unserem 2. Fall *„Automobilhandel Flink“, täte die Arbeitnehmerin gut daran, ihr Zeugnis mit Fristsetzung – nach häufigem und vergeblichen telefonischen Nachfragen* – so schnell wie möglich anzumahnen und mit einer Klage zu drohen. Doch wie sähe dann wohl inhaltlich ihr Zeugnis aus?

5.2 Verzicht und Verwirkung

(alle Namen sind geändert!)

2. Fall: Verzicht: „Ein Traum geht nicht in Erfüllung!“

Frau *Marie Interesse* beabsichtigte, mit ihrem derzeitigen *Lebenspartner Claudius Power* ein Geschäft zu eröffnen. Er sollte der *Gründer* sein – also der Finanzier – und sie war für die *Kaufmännische Leitung* vorgesehen. Voller Freude beendete sie bei ihrem jetzigen, jedoch traurigen Arbeitgeber (AG) das Arbeitsverhältnis einvernehmlich ***und verzichtete durch Vermerk auf der Ausgleichsquittung auf ihr Endzeugnis*** …, da sie es sich selber als ihr eigener, zukünftiger Arbeitgeber ja nicht vorzuzeigen brauche. Es lag also zum damaligen Zeitpunkt weder ein sachlicher noch ein persönlicher Grund zum Ausstellen eines Endzeugnisses vor. Nur leider ging ihr Traum nicht in Erfüllung und ihr Lebenspartner mit dem Geld davon!

Sie begehrte daher – trotz ihres damaligen Verzichtsausspruches – nun ein Zeugnis, um sich erfolgreich einen neuen Job suchen zu können. **Was nun?** Vielleicht hilft uns ein Urteil des BAG weiter:

In seiner Entscheidung vom 16.09.1974 (EZA §630 BGB, Nr. 5) hat das BAG die in der damaligen Literatur streitige Frage offengelassen, ob der Arbeitnehmer nach Beendigung des Arbeitsverhältnisses rechtswirksam auf ein Zeugnis verzichten kann? In der genannten Entscheidung hat das BAG festgestellt, dass allgemein gehaltene Ausgleichsklauseln in Vergleichen *nicht ohne weiteres dahingehend ausgelegt werden*, dass sie auch einen **Verzicht auf ein Zeugnis** beinhalten. Die Ausgleichsklauseln sollen zwar von ihrer Funktion her *im Interesse des Rechtsverkehrs klare Verhältnisse schaffen, um künftige Rechtsstreitigkeiten vorzubeugen.*

Auf der anderen Seite ist das Zeugnis jedoch für den Berufsweg des AN von großer Bedeutung, sodass sichergestellt sein muss, dass ein Arbeitnehmer nicht unbedacht in einer ganz allgemein gefassten Erklärung auf ein Zeugnis verzichtet, ohne sich über diese Tatsache und über die Tragweits eines solchen Verzichtes im Klaren zu sein.

„Eine Verzichtserklärung – so das BAG – in der genannten Entscheidung vom 16.09.1974 kann sich nur dann auf den Zeugnisanspruch beziehen, wenn sich dieser mit ausreichender Sicherheit aus dem Wortlaut der Ausgleichsklausel oder aus den Begleitumständen ergibt.“

Anmerkung:

Für diesen besonderen Einzelfall, der im Gesetz nicht geregelt war – wie übrigens noch andere Fälle auch –, konnte demnach kein Urteil gefällt werden, weil kein direkter Bezug auf einem bestimmten (anderen) Paragrafen oder auf eine andere Rechtsvorschrift vom Gericht hergestellt werden konnte.

Sie ging also leer aus! Was ihr als Trost vielleicht blieb, war ihr redliches Bemühen (Vorgehen) um den Erhalt eines nachträglich auszustellenden Zeugnisses. Ihre Chancen, es nach diesem Urteil bei ihrem ehemaligen AG noch einmal zu erbitten, wären sicher gleich null gewesen. Ihr blieb wohl nichts anders übrig, als in ihren weiteren Bewerbungsgesprächen unverblümt aber höflich die Wahrheit zu sagen. Nur, wie reagieren die Interviewer anderer Gesellschaften, wenn sie hören, dass die Bewerberin ihren damaligen Arbeitgeber verklagt hatte? Vielleicht blieb ihr noch die Chance, einen ehrlichen und aufrichtigen neuen Lebenspartner zu finden, der es besser mit ihr meinte als sein Vorgänger.

Verwirkung

Auch der Anspruch auf Erteilung eines Zeugnisses unterliegt der ***allgemeinen Verwirkung***.

Voraussetzung hierfür ist, dass der Gläubiger (hier: *der Arbeitnehmer=AN*) sein Recht längere Zeit nicht ausübt und dadurch dem Schuldner (hier: *dem Arbeitgeber=AG*) die Überzeugung hervorgerufen hat, er werde sein Recht – den Umständen entsprechend – nicht (mehr) geltend machen.

Der Schuldner muss sich hierauf weiter eingestellt haben und ihm die Erfüllung des Rechtes des Gläubigers *nach Treu und Glauben* (§ 242 BGB) unter Berücksichtigung aller Umstände des Falles nicht mehr zugemutet werden kann. (BAG-Urteil von 17.02.88, EZA* betreffend §630 BGB Nr. 12 in Verbindung mit § 109 GewO.)

Es kommt also immer auf den Einzelfall an!

3. Fall: Verwirkung: „Ein Arbeitnehmer wartet und wartet und .....“

In einem konkreten Fall, den das BAG zu entscheiden hatte, hatte der Arbeitnehmer (AN) 10 Monate gewartet und nichts unternommen, um *seinen Anspruch auf Erteilung eines vollständigen und berichtigten Zeugnisses* weiter zu verfolgen. Diesen Zeitraum hatte das BAG für das sog. ***Zeitmoment*** ausreichen lassen.

Weiter aus diesem o.g. Urteil*:

Trägt der AN in einem Zeitraum von weniger als 11 Monaten dreimal an den AG heran, ihm ein Zeugnis auszustellen, und entsprach der AG diesem Begehren, so kann der AG davon ausgehen, die Sache (*Angelegenheit*) habe damit ihr Bewenden, wenn der AN sich nicht **alsbald** meldet, dass dieser mit dem Zeugnis und dessen Inhalt nicht einverstanden sei. Wartet der AN erneut 10 Monate, mahnt er die Erteilung eines Zeugnisses erneut an und lässt wiederum fast zwei Jahre verstreichen, nachdem der frühere AG auf seine weitere Mahnung nicht geantwortet hatte, ***verwirkt der Arbeitnehmer den Anspruch auf Erteilung eines Zeugnisses.***

Anmerkung:

Im konkreten Fall durfte der Arbeitgeber darauf vertrauen, der Arbeitnehmer werde mit weiteren Forderungen auf Ergänzung und Berichtigung des ihm erteilten Zeugnisses nicht mehr hervortreten, zumal in dieser langen Verweildauer ehemalige Vorgesetzte des fordernden AN nicht mehr in dem Unternehmen beschäftigt waren, und kein anderer Vorgesetzter im Unternehmen konnte oder wollte weitere verbindliche Auskünfte über den klagenden AN geben.

Erinnern Sie sich noch an unseren ersten Fall im Elektrohandel Helle?

Die beiden Geschäftsinhaber Helle reagierten recht schnell auf das Begehren ihrer ausgeschiedenen Mitarbeiterin und verweigerten ihr ein von ihr bzw. ihrem Anwalt verändertes, neues Zeugnis mit der Begründung hierfür in ihrem Anschreiben dazu. Sie sandten ihr ein neues geändertes Zeugnis zu, auf das sie nicht mehr reagierte. Für diese Fälle empfehle ich allen Arbeitgebern in ihrem Anschreiben zum Zeugnis den Satz mit aufzunehmen:

„Sollten wir von Ihnen in den nächsten 3 bis 6 Monaten keine Antwort erhalten, gehen wir davon aus, dass Sie mit Ihrem von uns am .... zugesandten Zeugnis einverstanden sind.“

6. Zeugnismuster

6.1 Zeugnisse aus früherer Zeit

Einführung

Die folgenden Zeugnisse sind – beginnend in den 20er Jahren des vorigen Jahrhunderts – eineinhalb Jahre nach dem 1. Weltkrieg bis in unsere heutige Zeit angefertigt worden und sollen Sie als Leserin und Leser sowohl zum Nachdenken und manchmal auch zum Schmunzeln veranlassen.

Oftmals wurden in den Zeugnissen Wörter, Redewendungen und Schreibstile angewandt, die wir in unserer Jetztzeit als „antiquiert" betrachten, die aber bis heute noch von mehreren Arbeitgebern oder Auftraggebern angewandt werden, vorzugweise von kleineren Betrieben und Geschäften, die familiär über Generationen weitergeführt worden sind.

Und hinzu kommt noch, dass sich die Zusammenarbeit und Umgangsformen im Arbeitsleben zwischen den *damaligen honorigen Arbeitgebern* und den durch Kriege, Inflationen und Zeiten hoher Arbeitslosigkeiten *arg gebeutelten Arbeitern* sehr geändert haben. Aufstände und Revolten in der Arbeiterschaft und das sich stark veränderte Arbeits- und Sozialrecht mit dem späteren Betriebsverfassungsgesetz haben den Arbeitnehmern (den Arbeitern, Angestellten und Lehrlingen, heute Auszubildenden) neben ihren vielen Pflichten nun endlich auch immer mehr Rechte gegenüber ihren früheren Dienstherren und Ausbildern eingeräumt.

Dieser historische Wandel ist auch in den Formulierungen der Zeugnisse nachvollziehbar.

In den bisher in diesem Fachbuch angewandten Gesetzen finden wir sowohl eine Aufstellung bzw. *Gegenüberstellung von Rechten und Pflichten im Arbeitsleben,* die aber noch zur Gründerzeit selbstverständlich als Rechte den Arbeitgebern und als Pflichten den Arbeitnehmern zugeordnet waren. Heute verstehen wir es als eine Selbstverständlichkeit, dass die Rechte und Pflichten auf beide AG- und AN-Schultern in unserer Gesetzgebung, Rechtsauffassung und Rechtsprechung gerecht verteilt sind.

Wir müssen uns nun damit abfinden, dass immer mehr Arbeitnehmer, vorzugsweise die gewerkschaftlich orientierten Mitarbeiter, einen immer stärkeren Einfluss in unserem Arbeitsleben einnehmen, damit die Rechte der Arbeitnehmer, die sich ja immer noch in der wirtschaftlichen (monetären) Abhängigkeit zu ihrem Arbeitgeber befinden, weiterhin gestärkt werden. Wir als Vertreter von Arbeitgebern = Vorgesetzte oder Selbstständige sehen in unseren Mitarbeitern jetzt unser **Humankapital**, von dem wir genauso abhängig sind wie die Produkte und Dienstleistungen, die wir gemeinsam entwickeln, herstellen und vertreiben.

*Und der Gesetzgeber erwartet auch, dass Arbeitgeber und Arbeitnehmer **human,** oder auch als **„fair"** bezeichnet, miteinander umgehen.*

Ob und wie wir den Umgang miteinander pflegen, können wir aus dem Inhalt, der Wortwahl, den Formulierungen und der Aufmachung und Gestaltung in unseren deutschen Zeugnissen erkennen. Sie sind ein Abbild des Führens und Verhaltens unserer Gesellschaft im Arbeitsleben. Und so ist auch der Titel dieses Fachbuches ***„Das faire Zeugnis"*** zwischen meinem Verleger und mir – Ihrem Autor – entstanden.

Fall 1: *Leiter Versorgungswesen/Armeedienst in den 20er-Jahren des 20. Jahrhunderts.*

Lindau, den 23. Dezbr. 1920

Z e u g n i s

für Herrn A.G., früherer Vertragsangestellter der aufgehobenen Abwicklungsstelle des 20. Inf. Regts.

Herr G., welcher am 10.08.14 beim Heere eintrat und im Laufe des Krieges zum Unteroffizier befördert wurde, war vom März 1919 bis zum 30.09.1920 als Freiwilliger und Vertragsangestellter bei der Aw.-Stelle 20. Inf. Regts. beschäftigt und im Versorgungswesen als Leiter einer Unterabteilung verwendet.

Er hat seine Unterabteilung vollkommen selbständig geführt, hat sich hierbei als sehr fleißiger, gewissenhafter, selbständiger und geschickter Arbeiter erwiesen, seine Unterabteilungung in guter Ordnung gehalten und alle ihr zugewiesenen Arbeiten pünktlich und zur vollsten Zufriedenheit zur Erledigung gebracht.

G. ist ein sehr guter Charakter, ein ruhiger, verständiger, verlässiger Mann, ein geschickter, selbständiger Arbeiter; er hat sich tadellos geführt und eine einwandfreie Gesinnung bewiesen. Er war jederzeit dienstbereit, gefällig und entgegenkommend und zeigte im Verkehr die Formen eines gebildeten Mannes.

Er trat am 1.1.20 bw.-Stelle 20.J.R wegen Auflösung der Abw.-Stelle 20.J.Reg. zum Abw. Amt 1 bei A.-K. über.

gez. Oberst a.D. u. früherer Vorstand

Abb. 6.1-1: Zeugnis Leiter Versorgungswesen / Armeedienst 1920

Anmerkung

Abgesehen von den Schreibfehlern zeigt das Zeugnis schon viele Merkmale von auch heute noch geschriebenen Zeugnissen. Man *„beschäftigt"* einen Arbeitnehmer, die Arbeiten werden *„zugewiesen"*, und es ist *„zur vollsten Zufriedenheit"* gearbeitet worden. Diese Formulierung hat sich nun schon 100 Jahre lang gehalten, jedoch nach Meinung der heutigen Richter und vieler Arbeitgeber muss nun die Art der Zufriedenheit abgestuft bzw. differenziert werden.

Die o.g. *im Verkehr gezeigten Formen* bezogen sich Gott sei Dank *nicht nur auf die eines Mannes* (logisch! Die gehören ja auch in seinen Privatbereich – nicht?), *sondern auf seine Bildung. Ergibt sich die Nachfrage: „Waren die Frauen zu jener Zeit etwa ohne Bildung?"*

Fazit

Abgesehen von einigen kleinen Schreibfehlern haben wir es mit einem Mann zu tun, den man aus damaliger Sicht ohne Bedenken weiterempfehlen und „verwenden" konnte.

Fall 2: *Ausbildung zum Herrschaftsdiener / Bayerische Diener- und Servieranstalt*

ZEUGNIS

…………………………………

Der Diener A.G., geb. am 29. August 1892 in D. bei Lindau besuchte einen Kurs in der ersten Bayerischen Dienerfach- und Servieranstalt und hat durch Fleiss und Aufmerksamkeit alle für einen **Herrschaftsdiener** nötigen Kenntnisse und Fähigkeiten erworben.

Seine Führung war sehr gut. Er lernte Tische für alle vorkommenden Fälle decken, ist im Servieren gewandt, beim Reinigen des Silbergeschirrs geschickt und achtsam und fleissig und willig bei jeder Hausarbeit.

Ich erlernte G. als einen durchaus ehrlichen, fleissigen und verlässigen jungen Mann kennen und kann ihn als sehr brauchbaren Diener bestens empfehlen.

München, den 19. Juni 1913 gez. F.X.A.

Abb. 6.1-2: Zeugnis Herrschaftsdiener in Bayern 1913

Anmerkung

Leider fehlt bei diesem *früheren Lehrzeugnis* im Vergleich zum jetzigen *Berufsausbildungs-Zeugnis* die Zeitangabe, wie lange genau der Kurs gedauert hatte, um zu erkennen, ob der Mann entweder ① fristgemäß oder ② sogar vorfristig mit Erfolg oder ③ ohne Abschluss seine Berufsausbildung absolviert hatte. Aber aus dem Tenor des Geschriebenen können wir davon ausgehen, dass er seinen Ausbildungskurs (>>just in time<<) mit Erfolg bestanden hatte.

Auch heute verlangt das BBiG den Nachweis der erworbenen Kenntnisse und Fertigkeiten.

Fazit

Wenn das Berufsziel „*Tische für alle Fälle zu decken*" – was auch immer dieses bedeuten mag – erreicht worden ist, dann würde sicher jede Hausfrau „ihn mit Kusshand nehmen", da er ja willig und fleißig zu jeder Hausarbeit war – und diese wurde auch noch „detailliert" von ihm ausgeführt –, aber leider nicht beschrieben. Dennoch, ein gestandener Mann, der heute noch große Chancen gehabt hätte, vielleicht als >>*Double von James*?<<*

*Als ich dieses Zeugnis las, hatte ich mich sofort an den erstmals im Jahre 1963 in unserer damaligen Bundesrepublik verfilmten Sketch >>***Der 90. Geburtstag*** oder ***Dinner for one***<< mit *Miss Sophie* und dem *Butler James* erinnert, der jedes Jahr wieder zur Jahreswende im Fernsehen uns allen auf vielen Kanälen mit Freude präsentiert wird.

Eben: >>The same procedure as every year!<<

Fall 3: *Installations-Lehrling / Installaltions-Geschäft*

E.B. Installationsgeschäft Hamburg — Blankenese

Hamburg, den 05. August 1937

ZEUGNIS

Bestätige hiermit meinem Lehrling

W. W.

geb., 2. November 1919 zu N. (Baden), dass er seit dem 9. April 1934 bei mir als Installateur-Lehrling in meinem Geschäfte tätig ist und hat sich W. jederzeit als ausserordentlich gewissenhaft, fleissig und im Geschäft gewandt und tüchtig gezeigt. Im Umgang hat W. stets ein bescheidenes und tadelloses Betragen gezeigt, so daß ich ihn jederzeit bestens empfehlen kann.

Die Lehre ist am 9. April 1938 beendet.

Dies bezeugt mit meiner Unterschrift *E.B. Installationsgeschäft*
H. H.
(Unterschrift)

Abb. 6.1-3: Zeugnis Installations-Lehrling 1938

Anmerkung

Auf die Inhalte der Lehre wurde leider verzichtet und auch auf die Abschlussnote. Das Lehrzeugnis bestand fast ausschließlich aus der Beurteilung der Leistungen und aus dem Verhalten (gemeint: *sein Betragen*), aber weniger seiner *Kenntnisse.* Wörter wie „*jederzeit außerordentlich gewissenhaft*", „*fleißig*", „*gewandt*" und „*tüchtig*" sowie „*tadellos*" findet man heute noch vorwiegend in den Ausbildungszeugnissen und in den Zeugnissen für gewerbliche AN =Arbeiter und für Praktikanten.

Fazit

Der vorletzte Abschlusssatz, beginnend mit: „*Im Umgang ...* " klingt glaubwürdig und drückt ein hohes Lob aus. Was wir jedoch nicht wissen ist, warum er einen solchen Lehrling nicht übernommen hatte, zum Beispiel wegen eines Personalengpasses? – Oder wollte der damalige Lehrherr seinen Ex-Azubi nur „wegloben"?

Diese Frage würden wir heute (wegen seiner hohen Belobigungen) ganz offen dem ausgelernten Installateur in seinem Bewerbungsgespräch stellen, jedoch nicht als *Fangfrage*!

Fall 4: *Sekretärin / Bürokraft in einer Rechtsanwalts-Sozietät*

Namensnennung von 7 Anwälten in der Sozietät

ZEUGNIS

*Frau ……………………….., geboren am 15.04.19……. trat am 1. Januar ……….. **in unser Büro** ein. Sie arbeitete im **Sekretariat des Unterzeichneten**; hier übernahm sie alle anfallenden Arbeiten. Frau ……….. verläßt uns auf eigenem Wunsch zum 31. Dezember 19 …….*

In der Zeit ihrer Mitarbeit im Sekretariat des unten genannten Unterzeichneten hat sie sich als eine in allen Buroarbeiten erfahrene Kraft erwiesen. Ohne Zweifel hat sie sich in diesem Jahr auch in die speziellen Erfordernisse des ……. …-.anwaltsbüros eingearbeitet, so daß sie heute in der Lage sein sollte, auch auf diesem Sondergebiet eine wertvolle Mitarbeiterin zu sein. Sie ist insbesondere auch in der Lage, unter starker Zeit- und Arbeitsbelastung die ihr übertragenen Arbeiten auszuführen.

Für ihren weiteren Lebensweg wünschen wir ihr alles Gute.

Ort, Datum…………….. *Unterschrift ……………………..*
(unleserlich)

Abb. 6.1-4: Zeugnis Sekretärin in Anwaltskanzlei

Anmerkung

Das Zeugnis ist wie eine Personalanzeige durch das Herausstellen der (gesuchten) Person (… im Sekretariat des RA-Chefs) aufgebaut. Der 1. Abschnitt stellt bisher – nach heutigen Ansprüchen – nur eine ***Arbeitsbescheinigung*** dar, wird aber danach um weitere Merkmale (leider nur andeutungsweise) erweitert. Man hört im ersten Satz förmlich, wie die Dame in diese Sozietät (*mit zaghaftem Anklopfen vor so vielen Rechtsanwälten*) eingetreten ist. Sodann übernahm sie auch alle *„anfallenden"* Arbeiten (hinuntergefallene Akten?). Und in welchen Fachgebieten hatte sich ihr Vorgesetzter spezialisiert und sie sich einarbeiten müssen?

Nach einem Jahr *„sollte sie in der Lage sein"*……Wir würden gerne wissen, ob sie es auch tatsächlich gewesen war, was wir wegen des Wortes **„sollte"** aber bezweifeln müssen. Leider vermissen wir auch ihr Verhalten den anderen Anwälten, Kollegen und besonders auch den Mandanten gegenüber. Da das Zeugnis nur ein Jahr alt ist, ist sie vielleicht aus privaten Gründen ausgestiegen, weil ihr Chef ihr (nur) auf ihrem (privaten) Lebensweg alles Gute wünscht? Sonst schreibt man doch bei einem Arbeitszeugnis auch das Wort „beruflich …" mit hinein.

Fazit

Nach heutigen Maßstäben ist dieses Zeugnis nicht ausreichend ausgearbeitet worden und müsste nach unseren Zeugnis-Auffassungen noch erheblich detaillierter ihren Arbeitsplatz, deren Hauptaufgaben und ihre erforderlichen Kenntnisse hierfür beschreiben.

Fall 5: *Telefonistin in einem Hotelbetrieb*

ZEUGNIS

Fräulein ……………………, geboren am ……..in ………………….war in der Zeit vom ….. bis zum ………… in unserem Hause als

TELEFONISTIN

tätig.

Zu den Aufgaben von Fräulein ……. gehörten die Annahme und Weiterleitung aller ankommenden Gespräche über unsere vollautomatische Telefonanlage, die Herstellung der gewünschten Ausser-Haus-Verbindungen, die Bedienung des Fernschreibers sowie die täglichen Abrechnungen.

Gerne bestätigen wir Fräulein …., dass sie die ihr übertragenen Aufgaben stets zu unserer vollen Zufriedenheit ausführte. Durch ihre guten Sprachkenntnisse hatte sie keinerlei Schwierigkeiten, den Wünschen unserer internationalen Gäste gerecht zu werden. Fräulein…….. ist höflich, zuvorkommend und gewandt.

Fräulein ……… verlässt uns heute auf eigenen Wunsch. Für die Zukunft wünschen wir ihr alles Gute.

Der anteilmäßige Urlaub für 19….. wurde abgegolten. ……………………………………

Unterschrift (Personalchef)

Abb. 6.1-5: Zeugnis Telefonistin im Hotelbetrieb

Fazit

Das Zeugnis ist aufgebaut wie eine Zeitungsannonce ❶ durch Herausstellen der Position. Dass es in diesem Hotel sehr ❷ familiär zuging, erkennt man an dem Tenor des Geschriebenen. Möglicherweise war es ein nicht zu großes, renommiertes Hotel, weil es dort *„wie Zuhause"* zuging. ❸ Das Wort *Fräulein* wird im heutigen Arbeitsleben in der Anrede und im Anschreiben (auch bei den „Azubienen") nicht mehr gebraucht und durch das ❹ Wort *Frau* ersetzt.

Völlig korrekt werden in einem Endzeugnis wie dem o.g., die in der Vergangenheit gezeigten Fertigkeiten und Kenntnisse dieser Arbeitnehmerin im Imperfekt beschrieben. Eine Ausnahme gäbe es dann, wenn die bisherige Mitarbeiterin eine andere, vergleichbare Stelle in einer gemeinsamen Hotelgruppe übernähme, weil der neue Arbeitgeber dann davon ausgehen kann, dass ihre Leistungen, Fertigkeiten, Fähigkeiten und ihr Verhalten auch den anderen, insbesondere den Hotelgästen gegenüber, vergleichbar wären. Das Zeugnis ist freundlich gehalten. In diesem Job konnte sie ja keine Höchstleistungen vollbringen, weil diese gar nicht gefordert waren. Gerade noch fiel dem Personalchef die Urlaubsabgeltung für Fräulein … als Hinweis für sie und dem neuen Arbeitgeber gegenüber ein. Ihre Fremdsprachenkenntnisse (nur welche?) waren wichtig und die Voraussetzung für ihre Kommunikation mit ihnen – was denn sonst?

Fall 6: *Sekretärin in einem holländischen Handelskontor (ein Blick ins Ausland!)*

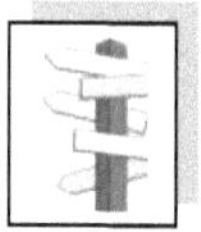

Jwv/pp
Hilversum, 5 maart 2010

GETUIGTSCHRIFT

Van .....tat.......haeft Gerda ....bij one gewerkt als secretaresse von een onzer account executives. En ze deed dat goed. Zo goed, dat wij haar besluit om een functie in het buitenland ta accepteren halemaal niet lauk vonden.

Het zal moeilik zijn voor haar opvolgster om nist sitijd met Gerda to worden vergelsken.

Al haal kort na haarindiensttreding bleek dat Gerda zelfstanding een groot deel von het work kon overnemen. En dat is tijdene hat gehole dienstverband zo gebieven.Ze was een echta secretaresse. Inde ruimate zin van het woord.

Wij wensen Gerda in heer nisuwe functie hat allerbeste toe. Et zijn er zeker van, dat zij ook hier zal slagen.

....
(Unterschrift)

Abb. 6.1-6: Zeugnis Sekretärin in einem holländischen Handelskontor 2010

Und hier die Übersetzung: *Z E U G N I S* *Hilversum, den 5. März 2010*

Von ...bis .... hat Gerda .... bei uns als Sekretärin eines unserer Kundenberater gearbeitet. Und das hat sie gut gemacht. So gut, dass wir ihre Entscheidung, eine Stellung im Ausland anzunehmen, überhaupt nicht als angenehm empfanden. Es wird für ihre Nachfolgerin schwierig sein, weil sie immer an Gerda gemessen wird.

Schon kurz nach ihrem Eintritt stellte es sich heraus, dass Gerda selbständig einen großen Teil der Arbeit übernehmen konnte. Und das ist während des gesamten Dienstverhältnisses so geblieben. Sie war eine echte Sekretärin. Im weitesten Sinne des Wortes.

Wir wünschen Gerda in ihrer neuen Funktion das Beste. Und wir sind sicher, dass sie auch dort Erfolg haben wird.

Fazit

Wie erfrischend ist dieser Zeugnisstil! Wir wissen zwar nicht, welche Arbeiten Gerda übernommen hatte, vielleicht sogar die ihres Chefs? Und was versteht man denn unter dem Begriff „*Eine Sekretärin ... im weitesten Sinne des Wortes?*" Ob es sich hierbei um einen *länderübergreifenden Geheimcode* handelt? Sicher nur dann, wenn sie zum Geheimdienst wechseln würde. Ich hätte „Gerda" gerne zum Bewerbungsgespräch eingeladen, wenn noch eine Stelle frei gewesen wäre!

Fall 7: *Bürokraft / Medizinisches Institut / anstelle eines Zeugnisses*

Name des Institutes……………………………………, Ort………. Datum…………..

Sehr geehrte Frau ………….,

mit Bedauern nehme ich zur Kenntnis, dass Sie Ihre Tätigkeit bei mir aus familiären Gründen beendet haben.

Ich kann Ihnen bestätigen, dass Sie alle in meinem Institut anfallenden Büroarbeiten zu meiner vollen Zufriedenheit erledigt haben.

Im Umgang mit den Patienten waren Sie stets freundliche und hilfsbereit.

Ich kann Ihnen auch bescheinigen, dass Sie eine angenehme Mitarbeiterin waren.

Für Ihren weiteren Lebensweg wünsche ich Ihnen alles Gute.

Unterschrift (unleserlich)

Abb. 6.1-7: Zeugnis Bürokraft im Medizinischen Institut

Anmerkung

Für diesen Fall werden Sie schon erkennen können, dass es sich bei dieser in aller Eile und Kürze geschriebenen Notiz nicht um ein Zwischen- oder Endzeugnis handeln kann. Ich vermute vielmehr, dass der betroffenen Mitarbeiterin gerade noch am letzten Arbeitstag beim Verabschieden (oder kurz vor der Niederkunft?) eingefallen ist, dass sie noch schnell ein Zeugnis haben möchte bzw. benötigt. Und damit sie es nicht irgendwann später abholen muss, hatte der Arbeitgeber ihr dieses „Zeugnis“ geschrieben oder schnell schreiben lassen.

Dieses sog. *„Zeugnis“* ist ein Musterexemplar, was man als Arbeitgeber bzw. Aussteller alles falsch machen kann:

① Man nimmt nicht nur mit Bedauern zur Kenntnis, wenn jemand aus familiären Gründen, die nichts mit der Tätigkeit zu tun haben müssen (z.B. Umzug, Familienzuwachs, Todesfall etc.), ausscheidet oder sogar seinen bzw. ihren Job aufgeben muss! Besser einen Hinweis angeben und Verständnis für die private Entscheidung zeigen. ② Aus wie vielen Personen (Fach- und Büropersonal) besteht das Institut? ③ Was versteht ein Nicht-Mediziner, welche Tätigkeiten sie durchgeführt haben könnte? ④ Tippfehler und ⑤ was bedeutet das Wort *„angenehm“*? Ich vermute, dass sie eine Mitarbeiterin war, die Verständnis für Viele und Vieles hatte und nicht anecken wollte. ⑥ Die Beschäftigungs- und Urlaubszeit fehlen leider!

Fazit: „Bitte nicht zu lange warten und dann ein qualifiziertes Zeugnis anmahnen!“

Fall 8: *Fremdsprachensekretärin / Deutsches Konsulat in einem afrikanischen Land*

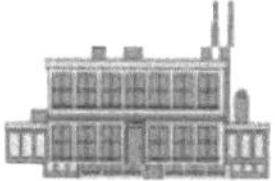

Zeugnis

Frau E……K….., geboren am 08.09.19.. war in der Zeit vom 12.05.19..-21.07.19.. als ***Fremdsprachensekretärin*** für die an einen anderen Dienstort versetzte, entsandte, langjährig beschäftigte Sekretärin angestellt. Sie schied – wie von vornherein vereinbart – nach Eintreffen der aus Bonn vom *Auswärtigen Amt* entsandten Fremdsprachensekretärin aus.

Frau K. hat sich in sehr kurzer Zeit in das vielseitige Aufgabengebiet eingearbeitet und alle Arbeiten schnell, gewissenhaft und exakt ausgeführt.

Zu dem bereits erwähnten vielseitigen Aufgabengebiet als **Alleinsekretärin** gehörten:

❶ *Erledigung von Korrespondenz in Englisch (sehr gute Kenntnisse) und in Deutsch,*

❷ *Erteilung von Auskünften und Betreuung von Besuchern,*

❸ *Führung von Karteien und Dateien (die Arbeit nahm infolge der Größe des Konsularbereiches und der zu betreuenden Personen viel Zeit in Anspruch),*

❹ *Führung der Portokasse,*

❺ *Frau K…. war imstande, selbst unter schwierigen Verhältnissen* das Funksprechgerät zu bedienen,*

❻ *Aufgrund der stets gezeigten Gewissenhaftigkeit konnte ihr auch die Mitwirkung bei der Abfertigung des dienstlichen Kuriers anvertraut werden.*

Das Konsulat hätte gerne Frau K. … auch aushilfsweise weiterbeschäftigt und bedauert ihr Wegziehen von K. infolge der Versetzung ihres Ehemannes.

Unterschrift (Name)………………………… Datum……………………….
Konsul

Abb. 6.1-8: Zeugnis Sekretärin im Deutschen Konsulat eines afrikanischen Staates

Anmerkung

Man muss das „Zeugnis" zwei- oder dreimal lesen, um zu verstehen, dass die betroffene Mitarbeiterin lediglich als „Springerin", d.h. zur Überbrückung der ausgeschiedenen und der noch nicht eingetroffenen neuen Mitarbeiterin eingesetzt wurde.

1. Abs.: Nur das Wesentliche mitteilen und den Satz entflechten!
2. Abs.: Wer kennt schon als Branchenfremder dies vielseitige Aufgabengebiet? Dieser Satz gehört noch zum Aufzählen der Aufgaben.
3. Schreibt man „**die Sekretärin**", dann hatte sie auch als Allein-Sekretärin gearbeitet und nicht in einem Team.
4. Leider hat man keine Vorstellung über die Interims-Beschäftigungsdauer und die Bedeutung ihrer nicht ungefährlichen Aufgaben. (s. Hinweis unter ❻) * Der Staat befand sich gerade im Bürgerkrieg!
5. Es scheint so, als wäre ihr Mann ebenfalls im Konsulat beschäftigt gewesen.

Fazit: Als Zeugnisentwurf okay. **Sie hätte überall sehr gute Chancen zur Übernahme!**

Fall 9: *Lageristin / im Automobilhandel*

Firmenanschrift

ZEUGNIS

Frau..............., geboren am .... in ...., trat am .... als Lageristin in das Ersatzteillager unseres Unternehmens ein.

Wir setzten Frau .... im Bereich unserer Kleinteillagerung ein. Dort bestanden ihre Aufgaben in der Einlagerung neu angelieferter Ersatzteile in die entsprechenden Lagerorte. Hierbei standen ihr EDV-Dateien und Listen zum Auffinden der Lagerorte zur Verfügung.

Frau .... war ebenfalls verantwortlich für die Kommissionierung von Ersatzteilbestellungen für diesen Lagerbereich. Anhand von Lieferscheinen stellte sie Bestellungen unserer Händler zusammen und bereitete sie zum Verpacken vor.

Frau .... arbeitete sich schnell in ihr Aufgabengebiet ein. Sie erledigte ihre Arbeiten zufriedenstellend. Ihr Verhältnis zu Vorgesetzten und Mitarbeitern war im allgemeinen gut.

Das Arbeitsverhältnis mit Frau .... endet am ....

Ort und Datum Unterschrift...

Lagerleiter

Abb. 6.1-9: Zeugnis Lageristin im Automobilhandel

Anmerkungen

Zu Abs. 1	Hier geht es wirklich geräuschvoll zu. Erst „trat" sie ein, dann wurde sie „gesetzt".
Zu Abs. 2	Der Hinweis auf Dateien und Listen soll wohl dem Leser einen Hinweis geben, dass sie wenigstens einen Mindest-Kenntnisstand haben musste, um anhand der Unterlagen die richtigen Einsatzorte (zum Ein- und Auslagern) zu finden.
Zu Abs. 3	Zuerst stellte sie Händlerbestellungen zusammen, danach bereitete sie die Händler (?) zum Verpacken vor. Mit ihrem Vorgesetzten und den Kollegen eckte sie wohl an?
Zu Abs. 4	Ihre Leistungen waren demnach nur mäßig. Kein Schwierigkeitsgrad (beim Heben und Einlagern) und kein Zeitaufwand wurden genannt und zur Ordnungs- und Sauberkeitshaltung im Lagerbereich durch sie wurde nicht Stellung genommen.
Zu Abs. 5	Hier hat ja wohl der Arbeitgeber das Arbeitsverhältnis gekündigt.

Fazit: Die Arbeiterin ist wohl aus dem Rennen. Keinerlei Wohlwollen im Zeugnis!

Fall 10: *Werkverwaltungsleiter / Deutsches Bauunternehmen (Seite 1 von 2)*

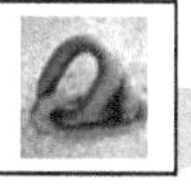

Deutsches Bauunternehmen
(Seite 1)
Ort und Datum..........

Zeugnis

Die in dem beigefügten Lebenslauf enthaltenen Ausführungen bestätigen wir, soweit sie die Firma E. betreffen.

Darüber hinaus ergänzen wir, dass Herr M.......... offen und ehrlich, pflichtbewußt, immer pünktlich und Vorgesetzten und Kollegen gegenüber verbindlich war.

Seine Aufgaben erledigte er qualifiziert, schnell und sicher. Dieses Zeugnis haben wir infolge der Fusion mit der E...... AG in .... ausgestellt.

Die Übernahme der Verantwortlichkeit als Werksverwaltungsleiter haben wir der E-AG empfohlen.

Firma.....................Datum.....................Unterschrift.......................
Datum

Abb. 6.1-10: Zeugnis Werksverwaltungsleiter / Bauunternehmen

Auszug aus dem persönlichen Lebenslauf: (1) Name: Anschrift: Datum:

Tätigkeit bei E........:	Nach Abschluß zunächst 1 Jahr Debitorenbuchhalter, 1 Jahr Kreditorenbuchhalter, dann Sachkontenbuchhalter. Damals wurde noch manuell gebucht!
	19.. Leiter der Finanzbuchhaltung
	19.. Ernennung zum Handlungsbevollmächtigten mit Bank- und Post-Vollmacht, zusätzlich Übernahme des Ressorts Versicherungswesen und Steuern.
Nach der Fusion	im Jahre ...... wurde mir die Stelle des *Werksverwaltungsleiters* übertragen unter gleichzeitiger Erteilung der Handlungsvollmacht für das Werk N.

Abb. 6.1 10 (1): Lebenslauf, 1. Seite Auszug

Auszug aus dem persönlichen Lebenslauf: (2) Name: Anschrift: Datum:	
Nach der Fusion	In dieser Position bin ich verantwortlich für: ● Personalwesen, ● Geldverkehr, ● Einkauf, ● Versicherungen, ● firmeneigene Miethäuser-Verwaltung, ● An- und Verkauf von Grundstücken, ● Nachrichtendienst, ● Sanitärdienst, ● Kleiderkammer, ● Kantine, ● Pförtner und ● Betriebsreinigung.
Ende bei E.......	● vermutlich durch Aufhebungsvertrag

Abb. 6.1-10 (2): Lebenslauf, 2. Seite Auszug

Anmerkungen

Hier hatte es sich die Unternehmensleitung eines Unternehmens, das im Rahmen der Fusion übernommen worden war, hinsichtlich der *Zeugnisausfertigungen* für alle Mitarbeiter sehr leicht gemacht! Wer war für die Ausstellung dieser Zwischenzeugnisse zuständig? Natürlich ihr bisheriger Verwaltungsleiter, der für ihr Personal insgesamt ja auch schon vorher verantwortlich war! *„Und dann wird er ja wohl auch selbst noch sein eigenes Zeugnis zusammenstellen können, nicht wahr?"*

Eine traurige Seite in diesem Buch, das ständig den Begriff der Fairness im Visier hat!

Wie mutlos er selber war, entnehmen wir dem letzten Vermerk seiner selbst angefertigten Stellenbeschreibung, weil er ein Realist war. Anscheinend gehen seine Vorgesetzten, die nun auch übernommen werden, davon aus, dass ihr bisheriges Unternehmen sich nicht verändern wird und alles beim Alten bleibt. Er selbst aber nicht, und das aus guten Gründen.

Fazit

„Was würden Sie dem ausscheidenden Werksverwaltungsleiter empfehlen? Auf jeden Fall wird er sich so schnell wie möglich nach einem neuen Job im nahen Umfeld umsehen müssen. Und hierfür benötigt er ein qualifiziertes Abschlusszeugnis! Wenn er sich selber und seinen Vorgesetzten und Mitarbeitern dieses Bauunternehmens gegenüber nichts hat zu Schulden kommen lassen, dann haben schon viele Menschen in ähnlichen Situationen vor ihm ihren Job verlieren müssen. Ich würde ihm empfehlen, ein Zeugnis aus der Sicht seiner damaligen Vorgesetzten anstelle des obigen neu zu formulieren und dieses dem oder der Personalchef/in des Konzerns zuzusenden, mit der Bitte um Ausstellung eines Zeugnisses als Nachfolger seines bisherigen Arbeitgebers.

Diese sind meiner Ansicht nach auch als Rechtsnachfolger hierfür verantwortlich, weil sie entscheiden müssen, wer übernommen werden kann und wer leider nicht.

Fall 11: *Leiterin der Personalabteilung / VEB-Kombinat Kabel-Industrie / DDR*

Anmerkung

Bevor ich Ihnen das ehemalige DDR-Zeugnis vorstelle, möchte ich Ihnen gerne mitteilen, wie die Stimmung gerade nach der geöffneten Mauer dort war. Als gebürtiger Berliner (im Westteil groß geworden, dort auch studiert und bei einem großen bekannten Pharma-Konzern im Personalbereich Verantwortung getragen, übernahm ich in Köln die Funktion des Personalchefs eines bekannten japanischen Automobil-Konzerns mit dem Slogan – *Nichts ist unmöglich, T……*"! Genau! Danach hatte ich mich als Unternehmens- und Personalberater selbständig gemacht und unter anderem auch Kurse und Seminare im *Haus der Wirtschaft* gegenüber dem *Schiller-Theater* im Westteil Berlins abgehalten, zu denen nun endlich auch unsere Ost-Schwestern und -Brüder nach der Öffnung der Mauer einen direkten Wissenszugang hatten. Noch hieß der Ostteil **Hauptstadt der DDR** und war im Begriff „vereinnahmt" zu werden, wie es auch die meisten Bürger im West- und Ostteil Berlins und darüber hinaus gerne wollten.

Mein erster Kurs hieß zu jener Zeit dort: >>*Aufbau und Gestaltung der Personalakte*<<, (in der ja auch Zwischenbescheinigungen, Beurteilungen, Zeugnisse oder leider auch Verwarnungen und Abmahnungen etc. aufgehoben werden), und wurde zufälliger Weise von der gleichen Anzahl der Teilnehmer aus West- und Ost-Berlin besucht. Man saß sich gegenüber und beschnupperte sich. Die Einen saßen brav, korrekt und aufmerksam an den Tischen, wie noch zu ihrer FDJ-Zeit, und die Anderen viel lockerer, offener und daran interessiert, vielleicht doch noch etwas Neues von dem Dozenten zu hören hinsichtlich des Datenschutzes, der Aufbewahrungsfristen und des Persönlichkeitsrechtes jedes einzelnen weiblichen und männlichen Arbeitnehmers.

Unsere DDR-Teilnehmer/innen fingen an, sich mehr und mehr zu unterhalten, zum Teil mit dem Kopf zu schütteln, bis eine Ost-Berlinerin sich meldete, es nicht mehr aushielt und mich unterbrach: *„Sagen Sie mal bitte, stimmt det ooch allet, wat Sie uns da erzählen?"*

Die Antwort ihrer Wessi-Berliner-Kollegen war nur lautes Lachen! Meine Antwort: *„Wenn etwas nicht stimmen würde, hätten Ihre Kollegen und Kolleginnen gegenüber sich schon viel früher bemerkbar gemacht.* Und ich fragte sie: *„Worum geht es denn bitte bei Ihnen*?"

„Stümmt det denn würklich, dat jeder Werktätige von sich aus in die Personalakte über sich hineingucken kann?"

Die Antwort aus dem Wessi-Kreis: ***Na, das ist doch Ihre Akte****, da werden alle Daten oder fast alle aufgehoben, zu denen jeder Mitarbeiter – na ja während der Arbeitszeit – hineinschauen kann. Und die Personaler, der Vorgesetzte oder der Betriebsrat, wenn ich ich ihn darum bitte, wenn ick zufällig krank jeworden bin, wa?"*

>>Na, det wär ja noch schöner!<< „Und wie ist det denn bei euch?"

„Na, die darf nur ab und zu unser Arbeitgeber bzw. der Personalchef und zu jeder Zeit die STASI kriegen, aber doch nicht wir! Unglaubliches Staunen und Kopfschütteln auf der Wessi-Seite und großes Aufwachen, Staunen und Freude auf der Ossi-Seite, noch immer gegenüber der Mauer, aber schon mit einigen Öffnungen mehr in die neue Freiheit!

Wir hatten natürlich die Gelegenheit genutzt, uns abends noch einmal in einer Kiez-Kneipe zusammenzusetzen und eine Molle (Glas Bier) oder auch mehrere zu trinken und dort einen weiteren, *aufgelockerten Erfahrungsaustausch* – als im Seminarraum – zu führen. Hierbei lernte ich auch die ehemalige Leiterin der Personalabteilung der Kabelwerke-Oberspree (KWO) – früher der AEG und dann zum

VEB (Volkseigenen Betrieb der DDR) umfunktioniert, mit dem Standort in Oberschöneweide zugehörig – kennen, die mir freundlicherweise ihr Zeugnis überließ. Sie hatte nichts gegen eine Veröffentlichung meinerseits, bat aber mich, ihren Namen nicht zu verwenden, was ich ihr auch gerne zugesagt hatte. Vielen Dank noch einmal!

Vorab habe ich noch einen kleinen geschichtlichen Ausschnitt über dieses altbekannte Unternehmen für Sie erfahren:

Das Erbe der Industriemoderne

Im Zweiten Weltkrieg zerstören Bomben Teile des Kabelwerks. Das Gros der Anlage bleibt erhalten, seit 1952 als Volkseigener Betrieb (VEB) in der DDR. Nach der deutschen Wiedervereinigung versuchen die neuen Eigentümer, auf dem Markt zu bestehen – vergeblich. **1995 wird das Kabelwerk Oberspree geschlossen.**

Danach erfolgt eine umfassende Sanierung. Das Kabelwerk steht heute als eines der bedeutendsten Ensembles der deutschen Industriegeschichte unter Denkmalschutz. In einem kleinen Teil der Anlage werden weiterhin Kabel produziert. Den größten Teil des historischen Standorts nimmt mittlerweile der Campus Wilhelminenhof der Hochschule für Technik und Wirtschaft Berlin (HTW) ein.

Das folgende Zeugnis war also *während der Wende* angefertigt worden, im letzten Jahr der DDR. Aus diesem Grunde war – aller Voraussicht nach – auf eine detaillierte Beschreibung der damaligen politischen, sozialistischen Aktivitäten in den DDR-Zeugnissen **nun** verzichtet worden. Dem Range nach war die Stelleninhaberin nach westlichem Sprachgebrauch >> *Leiterin der Personalabteilung*<<, und ihr Vorgesetzter – *der Kaderleiter* –, der ihr Zeugnis unterschrieben hatte, dem HRM-Leiter-West vergleichbar.

In ihrer Funktion ist auch nach heutigem Verständnis eine versteckte Kritik durchaus erkennbar! Im dritten Absatz wird erklärt, dass die Stelleninhaberin zum einen wohl kaum den Rat ihrer Mitarbeiter annahm, sondern zum anderen sich zu sehr um Teilprobleme kümmerte. Sie delegierte wohl zu wenig und verzettelte sich. Ggfs. hatte sie Sorge vor Fehlern ihrer Mitarbeiter/innen, für die sie dann verantwortlich gemacht wurde.

Wir hatten uns danach aus den Augen verloren.

Fazit

Sie hatte sich mir gegenüber als eine klar denkende, realistische Frau dargestellt, die nun offen für alle neuen Fragen war und über gute, allgemeine DDR-Personal-Fachkenntnisse verfügte, die sie, soweit sie nicht fachbezogen, sondern politisch gefärbt waren, gedanklich auch schnell ***über Bord werfen*** wollte und konnte. Ich schlug ihr daher vor, dass sie noch nicht sofort nach einer vakanten Stelle **als Personalchefin** im Bereich der jetzigen alten Bundesrepublik Ausschau halten sollte, sondern nur, wenn sie weiter in einem ehemaligen DDR-Unternehmen tätig sein würde. Sonst empfahl ich ihr, sich als *Assistentin oder Referentin eines Personalchefs* im Westen zu bewerben, um in ein oder zwei Jahren sich einen ausreichenden Überblick über diesen HRM-Bereich zu verschaffen, und sich ausgezeichnete Kenntnisse im Arbeits- und Sozialrecht anzueignen.

Z w i s c h e n - Z e u g n i s   Datum: 20.02.19..

Frau H...., geb. am ...., nahm am 01.09.19.. in der Personalabteilung die Tätigkeit als *Sozialpädagoge für Sonderbetreuung* auf.

19.. wurde sie als *Gruppenleiter im Personalbüro* und aufgrund ihrer guten Leistungen und der erworbenen fundierten Kenntnisse 19.. als *Leiter der Personalabteilung* eingesetzt.

Zur eigenen Qualifizierung nahm sie regelmäßig an der *zyklischen Weiterbildung für Leitungskader* teil. Einen *Lehrgang für Arbeitsklassifizierung Teil B* hatte sie erfolgreich absolviert.

Frau H.... hat im Prozeß der Arbeit sowie durch zielgerichtete Arbeit mit Fachliteratur ihre Leitereigenschaften ständig weiter ausgeprägt. Sie war in der Lage, die *Hauptabteilung über einen längeren Zeitraum selbständig zu führen.* Ihre Aufgaben als *Personalleiter und Stellvertreter des Leiters für Kaderarbeit* führt sie verantwortungsbewußt durch.

Sie beachtet dabei stets die fachlichen Hinweise und Vorschläge der Mitarbeiter.

Bei der Durchsetzung von Leitungsentscheidungen muß sie sich stärker auf die Leistungsfähigkeit ihrer Mitarbeiter stützen. In diesem Zusammenhang ist die fachliche Anleitung weiter zu erhöhen und das selbständige Abarbeiten von Teilproblemen zu verringern.

Durch ihr ruhiges, sachliches Auftreten, ihre Beständigkeit und Ausgeglichenheit sowie persönliches Engagement gepaart mit fachlicher Kompetenz genießt sie ein hohes Ansehen auch über ihr Arbeitskollektiv hinaus.

Für ihre Leistungen wurde Frau H..... mehrfach belobigt und mit **Geldprämien** und als **Aktivist** ausgezeichnet

Abb. 6.1-11: Zwischen-Zeugnis / Leiterin der Personalabteilung / VEB Kombinat/DDR 1990

6.2 Ihr Überarbeiten an den folgenden Zeugnis-Mustern

Nachdem Sie, verehrte Kolleginnen und Kollegen, sich schon tüchtig in die Zeugnismaterie eingelesen haben und sicher selbst auch über eigene Erfahrungen und Zeugnisse verfügen, stelle ich Ihnen nun unterschiedliche Arbeitgeber, Personen (Auszubildende, Praktikanten und Arbeitnehmer) und Berufe bzw. Beschäftigungsarten in den folgenden Zeugnis-Mustern vor, die aber noch nicht *Muster-Zeugnisse* sind. Wenn jedoch alle Arbeits- und Ausbildungszeugnisse nach ein- und demselben Schema angefertigt würden, geht meiner Meinung nach die Individualität der betroffenen Person – und auch die des Arbeitgebers – verloren.

> Aufbau und Inhalt der einzelnen Zeugnisse sollten sich schon ein wenig ähneln und daher vergleichbar dargestellt sein, aber immer noch sollte der betroffene Mitarbeiter in seiner Persönlichkeit herausgestellt werden. Es ist ja schließlich sein oder ihr Zeugnis mit allen persönlichen und beruflichen Daten versehen, die sie ihr Leben lang begleiten werden.

Ihre Aufgabe besteht nun darin, sich in die Rolle eines dringend „*Personal suchenden Arbeitgebers*" zu verwandeln, egal, ob als Inhaber/in, Geschäftsführer/in oder als deren Referent/in oder Assistent/in oder als persönlicher Berater. Wenn Sie bereits Vorgesetzten-Funktionen als Filialleiter/in, Niederlassungsleiter/in, Bereichsleiter/in oder als Abteilungsleiter/in etc. gewonnen haben, umso besser.

Und welcher interne Bereich unterstützt Sie zugleich bei Ihrer täglichen Arbeit und macht das ganz professionell? Genau! Ihr Personalbereich, der nun *Human Resources Management (HRM)* heißt, um die richtigen Mitarbeiter/innen zu finden, die recht schnell Ihre aufgetretenen Personallücken schließen sollen. Diese Mitarbeiter/innen oder Kollegen von Ihnen werden auch kurz als die *Personaler* genannt, weil sie oder „Sie persönlich sogar" mit vielen Personal-Erfahrungen gelernt haben, Zeugnisse zu lesen, zu schreiben und auch richtig zu interpretieren, damit es zu keinen Missverständnissen kommen soll, und die Probezeit in beiderlei Sinne auch erfolgreich abläuft. Und wie bereitet man sich auf das erste Kennenlernen am besten vor?

Durch das intensive Studieren der eingesandten Zeugnisse, bei denen auf der einen Seite – auch juristisch formuliert – **der Wahrheitsgehalt** aller schriftlich formulierten Aussagen den Vorrang hat, aber auch mit einer **wohlwollenden Beschreibung** den Arbeitsuchenden die Möglichkeit einer neuen Beschäftigung ebnen soll.

Um das Lesen und Interpretieren von Arbeits- und Ausbildungszeugnissen zu trainieren, haben Sie bereits jetzt schon einige Zeugnisse mit meinen Vermerken kennengelernt. Die nun folgenden Fälle 12–19 können Sie selbst anhand der *>>Checkliste zum Überarbeiten Ihrer Zeugnis-Muster<<* überprüfen, die Sie für jeden einzelnen Fall mit einer Kopie dieser Checkliste bitte vergleichen. Bei den meisten Exemplaren habe ich an den Rand Vermerke mit diesen Zeichen ①oder ② usw. eingesetzt, um Sie auf Besonderheiten/Auffälligkeiten des Satzes oder eines bestimmten Wortes aufmerksam zu machen. Versuchen Sie bitte, diese zu erklären, wie ich Ihnen dieses beispielhaft in dem folgenden 12. Fall (*Sekretärin im Medienbereich)* aufzeige.

Checkliste zum Überarbeiten Ihrer Zeugnis-Muster

1. Äußere Form	ja/positiv	nein/negativ
1.1 Absätze – Aufteilung?		
1.2 Ausreichend Rand an beiden Seiten eingehalten?		
1.3 Optische Herausstellung von Aufgabenschwerpunkten?		
2. Zeugnisart		
2.1 Zwischenzeugnis?		
2.2 Einfaches Zeugnis?		
2.3 Qualifiziertes Zeugnis?		
2.4 Interne Beurteilung?		
3. Persönliche Angaben		
3.1 Akademische Grade und Titel?		
3.2 Vor- und Zuname, Familienstand		
3.3 Geburtsort (nicht unbedingt notwendig)		
3.4 Anschrift / e-mail-Adresse (notwendig)		
4. Rechtschreibung / Zeiten		
4.1 Zeiten eingehalten? (Wechsel vom Präsens ins Imperfekt?)		
4.2 Tippfehler?		
4.3 Fehler in der Rechtschreibung?		
4.4 Interpunktion?		
4.5 Verbesserungen vorgenommen?		
5. Inhalt des Zeugnisses		
5.1 Redewendungen:		
5.1.1 Vorwiegend antiquiert?		
5.1.2 Vorwiegend neutral und sachlich?		
5.1.3 Vorwiegend aufgelockert und lebendig?		
5.1.4 Negativ-Formulierungen?		
5.1.5 Versteckte Formulierungen / Zeugniscodes?		
5.1.6 Unnötige Angaben und Formulierungen?		
6. Beurteilungen von Leistung, MA-Führung und Verhalten		
6.1 Trennung der o.g. Beurteilungen vorgenommen?		
6.1.1 Leistungs-Beurteilung vorwiegend positiv oder negativ?		
6.1.2 MA-Führung Beurteilung vorwiegend positiv oder negativ?		
6.1.3 Verhalten gegenüber V. und MA. / positiv oder negativ?		
7. Austrittsgründe		
7.1 Austrittsgründe ersichtlich?		
7.2 Wer hat gekündigt? (AG oder MA?) Sind Gründe bekannt?		
7.3 Ihr Gesamteindruck aus dem/den Zeugnis/sen?		
7.4 Sind vorab Rückfragen bei d. Bewerber/in notwendig?		
7.5 An welchen Stellen würden Sie „wie“ das Zeugnis ändern?		

Abb. 6.2.1

Diese von Ihnen als Mitarbeiter/in im HRM-Bereich ausgefüllte Unterlage dient Ihnen als Vorentscheidung für ein Bewerbungsgespräch, an dem fast immer der zukünftige Vorgesetzte und noch andere Personen teilnehmen. Klären Sie bitte mit dem zukünftigen Vorgesetzten, ob er diese Checkliste mit den Bewerbungsunterlagen auch vorab sehen möchte zur Vorbereitung des alleinigen oder gemeinsamen Interview-Gesprächs. Wenn die Vorentscheidung schon negativ ausgefallen ist, dann freundliches Absageschreiben und **Checkliste vernichten!!**

Fall 12: *Sekretärin / Öffentlich-rechtliche Anstalt im Medienbereich*

ZEUGNIS

① Frau…………., geb. ………….. geb. am…………, wurde am 01. April 19.. als **Sekretärin** (interne Dienstbezeichnung) >> *Sekretärin mit besonderen Aufgaben*<< für die *Hauptabteilung* REVISION eingestellt.

② Sie hatte neben den üblichen Sekretariats-Arbeiten einschließlich der Erledigung der Korrespondenz – teils nach Diktat, teils selbständig – Stellungsnahmen und Prüfungberichte, vorwiegend für die *Bereiche Hörfunk und Fernsehen*, sowie den
③ *Jahresbericht der Revision* über die Prüfung der Jahres- und Vermögensrechnung
④ zu schreiben. Ausserdem hat sie bei Revisionsangelegenheiten mitgeholfen.

⑤ Frau …….. hat die ihr übertragenen Aufgaben zu unserer vollen Zufriedenheit er-
⑥ ledigt. Besonders hervorzuheben sind ihre exakte Arbeitsweise sowie ihr freundli-
⑦ ches und zuvorkommendes Wesen.

⑧ Das Arbeitsverhältnis endet auf Wunsch von Frau ………. mit dem heutigen Tage.

Mit unserem Dank für die gute Mitarbeit verbinden wir die besten Wünsche für die Zukunft.

Ort………………, Datum ……………..
Personalabteilung

Abb. 6.2-1 A

Hier für Sie die Probe auf das Exempel für Ihre eigenen Notizen ab den nächsten Fällen:

① „wurde eingestellt" = Passivform, Besser: „übernahm ihr neues Aufgabengebiet in ……."

② „übliche Sekretariats-Arbeiten?", Besser „mehr in Stichpunkten", auch wenn allseits bekannt.

③ „hatte zu schreiben" = aus AG-Sicht. Besser: „fertigte in Tabellenform übersichtlich an" o.Ä.

④ „mitgeholfen?" Ist zu wenig! Besser: „ausgewertet oder mit Stellungnahmen ergänzt" o.Ä.

⑤ „die ihr übertragenen Aufgaben" = aus AG-Sicht, Besser: „ihre anspruchsvollen Aufgaben" o.Ä.

⑥ „exakte" Arbeitsweise ist okay. Besser: „ihre exakte und verantwortungsvolle Arbeitsweise" o.Ä.

⑦ „freundliches Wesen" ist lieb. Aber besser: Verhalten zu Vorgesetzten, Kollegen und Kunden.

⑧ „Der Satz ist juristisch korrekt, verwirrt aber. Besser in den Satz einfügen: „ – wie von vornherein von ihr geplant oder beabsichtigt –", oder „wie einvernehmlich beabsichtig zum …."

FAZIT: <u>Aus meiner Sicht okay!</u> Positives überwiegt. Ist im Finanz-/Rechnungswesen gut einsetzbar. (Ihre Entscheidung: Kennenlernen oder nicht, mit kurzer Begründung)

Fall 13: *Fremdsprachenkorrespondentin / Werkzeugmaschinen-AG*

ZEUGNIS

① *Fräulein K* ...., geb. am....................., wohnhaft in K ...., Hauptstr. ....
② war vom 04. Dezember 19.. bis 31. Januar 19.. bei uns tätig.

③ Sie trat bei uns als *Fremdsprachenkorrespondentin* ein *mit französischen, spanischen und englischen Sprachkenntnissen.* Sehr schnell stellte es sich heraus,
④ dass *Fräulein K* ...... sich besonders für den gesamten Ablauf der Arbeiten im *Verkauf* interessierte, und wir machten sie in Kürze zur *Sachbearbeiterin für die gesamte Ersatzteil-Auftragsabwicklung.*
⑤

⑥ Hier schrieb *Fräulein K* .... aufgrund der eingehenden Ersatzteilbestellungen aus dem In- und Ausland die entsprechenden internen Aufträge, sowie bei Versand die entsprechenden Unterlagen und Rechnungen **mehrsprachig** aus und führte die
⑦ dazugehörigen Ersatzteil-Preislisten. Es oblag ihr, sich bezüglich Terminfragen telefonisch oder per Fernschreiben mit unseren internationalen Kunden in Verbindung zu setzen und die erforderliche Korrespondenz durchzuführen.

⑧ Sie hatte im Haus für die beschleunigte Abwicklung der Ersatzteilauslieferung zu
⑨ sorgen und war sehr gewandt im persönlichen Umgang mit Kunden und hatte ein
⑩ gutes Verhältnis zu ihren Mitarbeitern.

Wir bedauern sehr, dass *Fräulein K* .... uns verlässt, um ihre Sprachkenntnisse in Spanien zu vervollständigen, und wünschen ihr für ihre dortige Tätigkeit alles Gute!

Firma / Abteilung
Unterschrift .... (unleserlich)

Abb. 6.2-1 B

Ihre Randbemerkungen zu: ①,②,③ usw., unter denen genau die Pfeilspitzen zeigen.
Ihr Fazit: Sind Sie an einem Bewerbungsgespräch interessiert? Bitte kurze Begründung.

Fall 14: *Ausbildung für Schauwerbe-Gestalterin (früher: Dekorateurin) / Möbelmarkt*

Anschrift: ____________________

BERUFSAUSBILDUNGS-ZEUGNIS

① *Fräulein N................, geb. am ....in..........................war vom 01.10.19.. bis 05.07.19.. als*
Auszubildende im Ausbildungsberuf »Schauwerbegestalter/in« in unserem Unter-
② *nehmen beschäftigt.*

Ihre Berufsausbildung absolvierte Fräulein N. in unserem Möbelmarkt in M. Die Aus-
③ *bildungsinhalte waren alle im Zusammenhang mit der Dekoration anfallenden Tätig-*
④ *keiten wie O Auf- und Abbau von Waren, O Feindekoration, O Warenauszeichnun-*
gen, O Erstellen von Displays sowie O die Realisation eigener Ideen.

⑤ *Die praktische Ausbildung wurde durch unseren „innerbetrieblichen Unterricht“ ergänzt.*

⑥ *Fräulein N. hat die ihr gebotenen Ausbildungsmöglichkeiten in allen Bereichen gut genutzt. Sie wird als „Mitarbeiterin“ beurteilt, die mit Interesse, Fleiß und Zuverlässigkeit die ihr übertragenen Aufgaben stets zu unserer vollsten Zufriedenheit ausgeführt hat.*

⑦ *Besonders erwähnenswert sind ihre „überdurchschnittlich guten Kenntnisse in Theo-*
⑧ *rie und Praxis“. Dies zeigt sich auch darin, dass sie vorzeitig zur Prüfung an der IHK*
Mannheim zugelassen wurde.

⑨ *Ihre persönliche Führung und ihr Verhalten Vorgesetzten und Mitarbeitern gegenüber waren stets korrekt.*

Mit dem Bestehen ihrer Abschlussprüfung an der IHK im Mannheim scheidet Fräulein N. auf eigenen Wunsch aus unserem Unternehmen aus.

⑩ *Wir bedanken uns für die gute Zusammenarbeit und wünschen ihr für den weiteren Lebensweg alles Gute.*

Unterschrift ....
Leiterin Berufsausbildung

Abb. 6.2-1 C

Ihre Randbemerkungen zu: ①,②,③ usw.

Ihr Fazit: Wären Sie an einem Interview interessiert gewesen? Ja? – Schade! Denn sie hatte bereits schon einen neuen, interessanten Job gefunden.

Fall 15: *Praktikumsbescheinigung am „Institut für Arbeitswirtschaft“*

Anschrift: ....

① *PRAKTIKUMSBESCHEINIGUNG*

Herr G. M........ hat im Rahmen seines Psychologie-Studiums in der Zeit vom 15.
② Juli 19.. bis zum 31. August 19.. an unserem *Institut für Arbeitswirtschaft* unter der
③ Betreuung von Herrn Dipl.-Psych. Dr. G. ... ein Praktikum abgeleistet.

Seine Tätigkeiten erstreckten sich auf folgende Bereiche:

- Literaturrecherche zum Thema: *„Farbgestaltung an Bildschirmarbeitsplätzen und menschliche Wahrnehmung“*,
- Ableitung von Gestaltungshinweisen zur *Farbgestaltung von Bildschirminhalten für Anwendungssoftware,*
- Zusammenstellung eines *Richtlinienkatalogs für einen Anwender.*

Herr M. erwies sich als ein *motivierter Praktikant der Software-Psychologie* und
④ zeigte *großes Interesse für die anwenderbezogene Problematik der Software-Psychologie.*

Zur Durchführung der Aufgaben arbeitete sich Herr M. rasch in die entsprechende Software (Textverarbeitung und Grafikprogramm an einem Apple-Macintosh-Rechner) ein.

⑤ Wir wünschen Herrn M. für seinen weiteren beruflichen Werdegang viel Erfolg!

....
Datum und Unterschrift (Dr. G.)

Abb. 6.2-1 D

Ihre Randbemerkungen zu: ①,②,③ usw.

Ihr Fazit:

Fall 16: *Praktikum für Studenten an der Fachhochschule / Luftfahrtunternehmen*

Anschrift................................... Datum ....

PRAKTIKANTENZEUGNIS

Name: ...................*C.T.*
Geburtstag: ....
① Praktikum vom 04.03.19... bis zum 31.08.19...
Studium an der: *Fachhochschule* ....

Aufgabengebiet:
- *Logistische System-Lagerverwaltung/*
- *Erprobung eines CASE Tools*

Durchgeführte Aufgaben:

- *Einarbeitung in die theoretischen Grundlagen des Fachgebietes,*
- *Softwareentwicklung und -test für technische Anwendungen,*
- *Softwareentwicklung und -test für Datenbanksysteme,*
- *Softwareentwicklung und -test zur Datenübertragung,*
- *allgemeine Arbeiten am PC und*
- *Dokumentation der Arbeiten.*

BEURTEILUNG:
Leistung: *sehr gut*
Führung: *sehr gut*

② BEMERKUNGEN:
Selbständiges, ingenieurmäßiges Arbeiten, arbeitet sich mit Erfolg ein und ist für neue Aufgaben stets aufgeschlossen.

③ *Für den weiteren Studienverlauf wünschen wir viel Erfolg!*

Ort, Datum und Unterschrift
....

Abb. 6.2-1 E

Ihre Randbemerkungen zu: ①,②,③ :

Ihr Fazit:

Fall 17: *Zeugnis für Sachbearbeiterin im Arbeitgeberverband*

Anschrift...Ort....................................Datum...........................

ZEUGNIS

① Fräulein M.......... S........, geboren am 01.04.19...., wohnhaft in K., L.-Str....... war vom 15.
② September 19.. bis zum 31. Dezember 19.. in unserer Geschäftsstelle tätig. Sie wurde im *Referat Branchenwirtschaft und Statistik* mit der weitgehend selbständigen Einholung und Aufberei-
③ tung des *umfangreichen wirtschaftwissenschaftlichen Materials* und der *Abwicklung der anfallen-*
④ *den Korrespondenz* betraut.

⑤ In ihrer sachbearbeitenden Funktion hatte sie zahlreiche schriftliche und mündliche Kontakte zu Behörden und Mitgliedsfirmen sowie die Durchführung periodisch anfallender Erhebungen und Berichte wahrzunehmen.

⑥ Fräulein S. hatte sich schnell in die zum Teil komplizierte Materie eingearbeitet und den Referatsleiter wirkungsvoll unterstützt und entlastet. Sie verhielt sich gegenüber Vorgesetzten und
⑦ Kollegen korrekt und hilfsbereit. Ihre Arbeitsleistung ist voll zufriedenstellend.

⑧ Fräulein S. ... scheidet am 31.12.19.. auf eigenen Wunsch aus unseren Diensten. Unsere besten Wünsche begleiten sie.

AG-Verband
⑨ Geschäftsführung
Unterschrift (unleserlich)

Abb. 6.2-1 F

Ihre Randbemerkungen zu: ①,②,③ usw.:
Mein Hinweis zu ②: über 3 Jahre Beschäftigungsdauer

Ihr Fazit:

Fall 18: *Zeugnis Berufsausbildung zum Industriekaufmann / Maschinenbau AG*

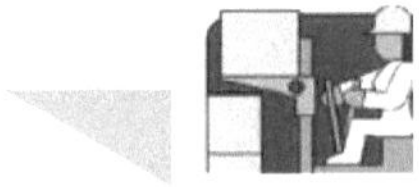

Anschrift.............................
Ort....................................
Datum................................

Berufsausbildungs-Zeugnis

Herr U.K ...... geb. am........ in M............. / L.-Straße .... trat am 01.09.19... nach dem Besuch des Gymnasiums bei uns ein, um den Beruf des Industriekaufmannes zu erlernen.

① Wir haben seine Hochschulreife mit einem halben Jahr auf seine Ausbildungszeit angerechnet.

② Während seiner Ausbildung hatte er die Gelegenheit, sich *gründliche Kenntnisse* im *Einkauf,* im *Rechnungswesen,* in der *Personalabteilung für gewerbliche Mitarbeiter,* im *Verkauf* für chemische Erzeugnisse, für Metallhalbzeug und für Kunststoffe *anzueignen.*

③ *Umfangreiche Kenntnisse in der Datenverarbeitung erwarb er durch einen Lehrgang bei der Industrie- und Handelskammer in der Zeit vom 15. bis zum 19.09.19..*

④ Herr K. hat die ihm gebotenen Möglichkeiten, sein Ausbildungsziel erfolgreich zu erreichen, voll genutzt. Die ihm übertragenen Aufgaben erledigte er mit Fleiß und großem Interesse zu unserer vollen Zufriedenheit, und seine Führung war stets einwandfrei.

⑤ Nachdem Herr K. am 14.01.19.. seine Abschlußprüfung vor der Industrie- und Handelskammer in K. erfolgreich bestanden hatte, übernahmen wir ihn gerne in ein befristetes Arbeitsverhältnis. Er war bis heute in unserem *Bereich Rechnungswesen* tätig.

⑥ Wir bedauern, Herrn K. nicht in ein unbefristetes Arbeitsverhältnis übernehmen zu kön-
⑦ nen, und wünschen ihm für sein geplantes Studium und für seinen weiteren Berufsweg alles Gute.

Ort, den 19.09.19.. Bereiche: *Aus- und Weiterbildung* und *Rechnungswesen*
Unterschriften mit Funktionen: ....

Abb. 6.2-1 G

Ihre Randbemerkungen zu: ①,②,③ :

Ihr Fazit:

Fall 19: *Zwischenzeugnis für Sekretärin im Buch- und Zeitschriften-Verlag*

Anschrift..Datum.......................

ZWISCHENZEUGNIS

Frau A. B.........., geb. am ....in............ ist seit dem 01.10.20.. in unserem Verlag tätig.
① Frau B. war zunächst als *Mitarbeiterin unserer Werbeabteilung* eingestellt und aufgrund ihrer
② guten Leistungen ab 01.01.20.. als *Sachbearbeiterin* eingesetzt.

Zu ihrem Aufgabengebiet gehörten die Erfassung der Werbe- und Artikelnummern der eingehenden Post und die sich daran anschließende Zusammenfassung der täglichen Umsatzliste. Frau B. stellt Auftragsbestätigungen und Rechnungen für die Insertionen einiger Zeitschriften aus, verwaltet die Stammdatei und Konkurrenzmappen und ändert bzw. löscht Werbeanschriften.

③ Darüber hinaus gehören *allgemeine Sekretariats-Arbeiten* wie ● das Schreiben – entweder nach Band, Diktat, Vorlage oder Stichworten von Briefen, Werbe- und Objektplänen, von Lieferscheinen und Bestellungen, ● die Beantwortung von Kundenanfragen und ● der Versand von Media-Unterlagen zu ihrem Aufgabenbereich.

④ Frau B. arbeitet sorgfältig und flott und zu unserer vollen Zufriedenheit. Sie ist gegenüber unseren Vorgesetzten, Kolleginnen und Kollegen und Kunden freundlich und natürlich.

⑤ Das Zwischenzeugnis wird auf Wunsch von Frau B. wegen eines Abteilungsleiter-Wechsels ausgestellt.

Datum.............................. Unterschrift..............................
(Personalleitung)

Abb. 6.2-1 H

Ihre Randbemerkungen zu: ①,②,③ usw.:

Ihr Fazit:

Fall 20: *Der Leiter Zentrallager „räumt auf!"/ Deutscher Elektrokonzern*

Auch das folgende Zeugnis war Bestandteil von Bewerbungsunterlagen. Was sagt Ihnen dieses Zeugnis aus? Anhand meiner Kennzeichen wie ①,②,③ usw. können Sie meine Ansicht auf der übernächsten Seite verfolgen. Sie helfen Ihnen, das Zeugnis kritisch durchzulesen und sich Ihr eigenes Urteil zu bilden. Geschrieben ist ja nicht unbedingt das, was gesagt werden will oder darf, und nun befinden wir uns wieder *in dem Spannungsfeld zwischen der Wahrheitspflicht und dem Wohlwollen-Sein*, das irgendwo oder irgendwann auch einmal seine Grenzen haben muss.

Beantworten Sie bitte nach dem ersten Durchlesen folgende Fragen:

1. Um welche **Art eines Zeugnisses** handelt es sich?
2. Sind wesentliche Merkmale entfallen oder unterblieben? Welche und warum?
3. Bei der Aufzählung der Aufgaben ist der Zeugnisaussteller strikt von der Stellenbeschreibung des betroffenen AN ausgegangen. Die Reihenfolge ergab sich gewichtet nach dem zeitlichen Aufwand:

- Planung, Steuerung und Überwachung ⟶ 25 % Arbeitszeitanteil
- Laufende Kontrollen der Einhaltung der Termine ⟶ 20 % Arbeitszeitanteil

Um sich aber ein genaues Bild vom Aufgabengebiet zu machen, geht man auch im Zeugnis bei der Aufzählung der einzelnen Aufgaben **chronologisch** vor. Die Zeichen ① bis ⑦ haben die Chronologie in der Reihenfolge berücksichtigt. Also erst die Planungsaufgaben / Sachaufgaben, dann erst z.B. Personalbedarf und -beschaffung und danach erst die Kontrolle der Mitarbeiter und nicht umgekehrt! Was fällt Ihnen bei dem Zeugnis unter Punkt ④ genannten Aufgaben auf? (vgl. die Funktion des Stelleninhabers!). Und was verstehen wir unter *Rationalisierung technischer* oder *organisatorischer Art?*

Wie sah die *Situation des Leiters Zentrallager* wohl vor Ort aus? Seine Bedingungen / Anforderungen bei:

- ständig quantitativ und qualitativ steigendendem Aufgaben- bzw. Auftragsvolumen,
- nunmehr auch Auslieferungen für ausländische Kunden,
- zusätzlichem Außenlager errichten,
- und beim Aufbau eines neuen Zentrallagers,
- erhöhtem Umsatzdruck und vor allem bei
- ständig schwankender Geschäftslage!

Wieviel *neues, zusätzliches Personal* erhielt der *Zentrallager-Boss* zu seiner Hilfe und Entlastung?

Warum hat der bisherige Stelleninhaber wohl seinen anspruchsvollen, gehetzten und stressigen Posten per Kündigung aufgegeben?

Fall 20 (Forts.:): ***Leiter Zentrallager* / Deutscher Elektrokonzern**

Briefbogen mit Anschrift ohne Logo und mit Datum

ZEUGNIS

Herr H. B., geboren am ...., trat am 15. August 19.. in unser Unternehmen ein und übernahm die *Leitung unseres* seinerzeit im Auf- und Ausbau befindlichen *Zentrallagers*. Im
① Rahmen dieser Funktion war er zuständig und verantwortlich für:

② - Die Planung, Steuerung und Überwachung des Arbeitseinsatzes der Mitarbeiter im Zentrallager,
- die laufenden Kontrollen der termingerechten und ordnungsmäßigen weltweiten Verladungen und der Wareneingänge,
③ - die permanente Überprüfung der Lagerabläufe auf Verbesserungsmöglichkeiten,
④ - die Personalbeschaffung, Personalauswahl und Personalbewertung,
- die Bearbeitung der Reklamationen und Differenzen,
- die kurz- und mittelfristige Planung und laufende Kontrolle der Kosten des Zentrallagers,
- die Statistiken und Berichterstattung,
⑤ - die kurz- und mittelfristige Planung von Platz- und Personalbedarf unter Berücksichtigung der Einhaltung des .... Qualitätsstandards für eingelagerte Fertigware.

⑥ Herrn B. wurden neun Mitarbeiter direkt und fünfundvierzig indirekt unterstellt. Mit Wirkung vom 1. Juli 19.. wurde ihm Handlungsvollmacht erteilt.

⑦ Durch Rationalisierungsmaßnahmen technischer und organisatorischer Art ist es Herrn B. gelungen, das ständig umfangreicher und komplexer werdende Aufgabenvolumen mit etwa 30% weniger Personal abzuwickeln. Die Aufgabenausweitung ergab sich durch die Übernahme des Versands für unseren Kundendienst, den Versand von Fertigmaterial für unsere ausländischen Werke, den Versand für unser Werk in M. und W. sowie für die Errichtung von 3 Aussenlägern und die Einrichtung eines offenen Zolllagers.

⑧ Bei der Planung und Errichtung des neuen Zentrallagers mit 14.500 Palettenplätzen (Hoch-/Palettenregallager) hat Herr B. durch sein praxisorientiertes Mitwirken wesentlich zum erfolgreichen Abschluss des Projektes beigetragen.

⑨ Herr B. hat die schwierige und komplexe Aufgabenstellung stets mit Sachverstand und Tatkraft pragmatisch und effizient gelöst. Er hat die zum Teil massiven Probleme und
⑩ Schwierigkeiten, die sich für das Zentrallager aus Umsatzdruck und schwankender Geschäftslage ergaben, jederzeit gelöst.

Herr B. scheidet mit Wirkung zum 31.03.19.. auf eigenem Wunsch aus unserem Unternehmen aus. Wir wünschen ihm beruflich und persönlich für die Zukunft alles Gute.

Datum......................................

XY-AG... 2 Unterschriften...
(Vorstandsmitglieder)

Abb. 6.2-1 I

Meine Annahmen und Erkenntnisse zu den einzelnen Punkten ① bis ⑩:

① Herr B. übernahm keinen festen Arbeitsplatz mit einem bestehenden, gut funktionierenden Zentrallager. Es musste gleichzeitig **auf-** und dann noch neben dem termingebundenen Einlagern, Auslagern und Versenden von Halb- und Fertigprodukten **ausgebaut** werden. Er war gleichzeitig zuständig für alles Materielle (Maschinen, maschinelle Anlagen und eingelagerte Produkte) und verantwortlich für alles Personelle (seine Mitarbeiter). Ansonsten werden die beiden Begriffe „zuständig" und „verantwortungsvoll" synonym angewendet.
② Die *Planung aller wichtigen Aktivitäten* ist seine Aufgabe und die *Steuerung* plant er auch, sie wird durchgeführt mithilfe seiner ihm direkt zugeordneten 9 Mitarbeitern, die auch als *Gruppenleiter-Team* den gesamten Arbeitseinsatz mit ihm planen, organisieren und selbst termingerecht kontrollieren und ihm gegenüber Verbesserungsvorschläge machen.
③ Die Überprüfung der Lagerabläufe nimmt er in seinen Gesprächen mit den Teamleitern wahr, von denen er Vorschläge erwartet, und diese auf die Umsetzbarkeit ermittelt.
④ Die Personalbeschaffung ist nicht seine Aufgabe, sondern die des HRM-/Personalbereiches. Die zusätzlichen Anforderungen (Manpower) plant er mit seinen Gruppenleitern, die auch gezielt an den Bewerbungsgesprächen teilnehmen und ein Mitspracherecht haben.
⑤ Diese kurz- und mittelfristigen Planungen gehören **vor** den Punkt ④. Das Ergebnis trägt er seinem Vorstand in enger Zusammenarbeit mit seinem /seiner HRM-Manager/in vor.
⑥ Die 9 Gruppenleiter sind ihm direkt „zugeordnet" (besser als „unterstellt" = Arbeitersprache), d.h. sie sind an seine Weisungen gebunden, wie ebenfalls alle anderen 45 Mitarbeiter sich an den Weisungen ihrer Gruppenleiter zu orientieren haben. Nur in Ausnahmesituationen wendet sich der Lagerleiter direkt an einzelne oder alle Mitarbeiter in allen Lagerbereichen.
⑦ *Rationalisierungs-Maßnahmen technischer Art* bedeuten den Einsatz von zusätzlichen bzw. moderneren, effektiveren Maschinen und Geräten (**kosten aber mehr Geld!**). Unter *Rationalisierungs-Maßnahmen organisatorischer Art* versteht man die Überprüfung und Veränderung von Arbeitsabläufen bis hin zu den Handgriffen, die zu Veränderungen einiger Arbeitsplätze führen (Arbeitszeitveränderungen, Gefahrenquoten erhöhen sich, Umschulungsmaßnahmen sind erforderlich ... **und die Kosten hierfür!**).
⑧ Hohe Anerkennung des Lagerleiters von seinen Vorgesetzten, die diese Veränderungen selbst nicht durchzuführen haben, dafür haben sie ja ihn, **mit seinen Praxis-Erfahrungen!**
⑨ Seine „schwierigen und komplexen Aufgabenstellungen" sind korrekt bezeichnet und beziehen sich zuerst auf seinen Sachverstand. Jetzt vereinigen sich die beiden Begriffe: *„Tatkraft und pragmatisch"* in einem Satz.

>>So gehen auch Boxer in den Ring. ***„So, und nicht anders!"*, verlangt der Trainer!"**<<

⑩ Und nun kommt der Tiefschlag!

Bisher ist wenig darüber geschrieben worden, wie sich seine Aktivitäten auf die weitere Entwicklung des Zentrallagers (Aufbau und Ausbau) und anderer Außenläger ausgewirkt haben, wie unter ① nur angedeutet worden ist.

Diese sog. ***massiven Probleme und Schwierigkeiten*** hätten sich auch in einem ganz normalen Geschäftsbetrieb bzw. -Ablauf ergeben, wenn sie im Lagerbereich ursächlich entstanden wären. Hierüber ist nicht geschrieben, sondern nur angedeutet worden. Und dies aus gutem Grund. Sie stammten vielmehr aus einem fast unerträglichen Druck, nämlich **verursacht „durch die Unternehmenspolitik",** die sich nicht rechtzeitig auf den Umsatzdruck und gleichzeitig auf die schwankende Geschäftslage ein- bzw. umgestellt hatte. *Und darauf hatte unser Lagerleiter keinen Einfluss gehabt*, dem in seiner Beschäftigungszeit sogar noch Personal abgezogen worden war!

Der vorletzte Satz weist daraufhin, dass der Lagerleiter von sich aus (zwar nicht fristlos), sondern *fristgemäß zum Quartalsende* gekündigt hatte. Vielleicht wollte er schon zum Jahresende ausscheiden und wurde vom Vorstand bzw. von seinem Personalchef gebeten, doch noch bis zum 31.03. des Folgejahres zu bleiben, damit das Unternehmen noch ausreichend Zeit hatte, für ihn einen Nachfolger zu finden.

„Der Schlusssatz klingt glaubwürdig und lässt hoffen, dass er tatsächlich *noch weiter beruflich tätig sein mochte* – oder es überhaupt noch konnte, nach diesen hektischen Jahren, die er erlebt hatte?"

Fall 21: *Sekretärin des Geschäftsführers / Maschinenbau „Die graue Eminenz"*

Anm.: Der Titel ***„Eminenz"*** galt früher als Anrede für katholische Kardinäle, die einen großen Einfluss in ihrem Wirkungsbereich auf andere hatten. Der Titel *„Graue Eminenz"* bezog sich dann mehr auf männliche und später auch zuweilen auf weibliche Persönlichkeiten, die im Hintergrund (also im Verborgenen) für andere ihren Einfluss geltend machen konnten, sich selbst aber nicht als direkter Fürsprecher einer anderen Person zu erkennen gaben.

Auch das nun folgende Zeugnis war Bestandteil von Bewerbungsunterlagen. Was sagt Ihnen dieses Zeugnis aus? Meiner Ansicht nach war die Mitarbeiterin, der das Zeugnis in dieser endgültigen Form ausgehändigt worden war, auch sehr zufrieden damit.

Drei Personen, so meine ich (ihr Vorgesetzter, der Personalchef und sie selbst), haben an diesem Kunstwerk gearbeitet. Man kann dies förmlich an der Sprache, d.h. an der Auswahl der Worte – in diesem Fall der geschriebenen Wörter – erkennen.

Das Zeugnis klingt, wenn man es liest, wie eine ***Laudatio,*** d.h. wie eine im Rahmen eines Festaktes gehaltene, feierliche Lobrede – fast wie ein Abgesang über eine treue, dem Wohle des Unternehmens, und dem Unternehmen stets zugewandte, außerordentlich erfahrene Sekretärin –, die im Laufe ihrer Berufsjahre mehr ***zur Assistentin*** (heute würde man sie als *„persönliche Referentin"* des *Geschäftsführenden Gesellschafters* bezeichnen) geworden ist.

Die Beiden (ihr Chef und sie) waren über viele Jahre ein Team, ohne sie ging gar nichts mehr! Man spürt förmlich die Aura der Ebene, des Throns – eben, ganz oben! Jeder männliche oder weibliche Fachspezialist oder jede Führungskraft, die in ihrem Umfeld tätig war, kennt sie und kann sie auch einschätzen, weil ihre Verhaltensweisen dem Unternehmen seit langer Zeit (Epochen) bekannt sind.

Voller Respekt wendet man sich ihr zu, bleibt aber auch auf Distanz. Jede ihrer Missbilligungen könnten sofort an ihren Chef weitergegeben werden. Einige ihrer Kolleginnen unterhalb ihres Thrones bzw. ihrer Position haben sogar Angst vor ihr.

In *Führungsseminaren* verteilte ich oftmals dieses Zeugnis zuerst an die männlichen und dann an die weiblichen Teilnehmer mit der Aussage:

„Ich habe da eine sehr gute Sekretärin für Sie! Was halten Sie von dieser Dame?"

Diese Frage stelle ich Ihnen jetzt auch. Gehen Sie bitte die einzelnen markierten Formulierungen zu ①, ②, ③ usw. durch, die am Rande des Zeugnisses vermerkt sind.

Für Ihre Randnotizen:

Fall 21 (Forts.): *Sekretärin des Geschäftsführers / Maschinenbau*

Fa.- Anschrift der Geschäftsführung und Datum...................... / Seite 1

ZEUGNIS

① Frau R.K., geboren am..., wurde am 01.09.19.. bei uns eingestellt. Von Anfang an war sie als *Sekre-*
② *tärin* und danach als *Assistentin unseres alleinigen Geschäftsführers* (Geschäftsführender Gesellschafter) tätig.

Ihr Aufgabengebiet umfasste die ganze vielfältige Palette von Chefsekretariats-Arbeiten, die in dieser
③ Position üblicherweise anfallen. Die Betreuung von in- und ausländischen Gästen und die Vorbereitung und Organisation von Empfängen und Betriebsveranstaltungen gehören ebenso hierzu wie Rei-
seplanungen einschließlich Gruppenreisen ins Ausland und die Zuständigkeit für die firmeneigene
④ Fachbibliothek.

Ganz besonders weisen wir darauf hin, dass Frau K. regelmäßig an den Geschäftsleitungs-Sitzun-
⑤ gen teilgenommen hatte, das Protokoll selbständig verfasste und sämtliche Termine in den Berei-
⑥ chen Marketing/Verkauf, Finanzen/Verwaltung und Technik verantwortlich überwachte.

Selbstverständlich sind ihre schreibtechnischen Leistungen – also Stenografie und Schreibmaschine
– hervorragend. Die Korrespondenz wurde vorwiegend in deutscher und englischer Sprache, teilweise auch in französischer Sprache geführt. Frau K. beherrschte beide Fremdsprachen einschließlich
⑦ Stenografie perfekt. Es ist noch zu erwähnen, dass sie auch der spanischen Sprache in Wort und
⑧ Schrift mächtig ist.

Wir hatten Frau K. als eine tüchtige und liebenswerte Mitarbeiterin kennengelernt, die ihre übertragenen Aufgaben mit außergewöhnlichem Engagement – auch weit über die normale Arbeitszeit hinaus – zuverlässig erledigte.

⑨ Verschwiegenheit bei der Erledigung der meist vertraulichen Aufgaben zeichneten sie ebenfalls aus
wie eine positive und kreative Einstellung zur Arbeit. Das in sie gesetzte Vertrauen war jederzeit gerechtfertigt. Auch schwierigen Problemen gegenüber stets aufgeschlossen, fanden ihre Leistungen
⑩ immer unsere vollste Anerkennung, und es kann nur eine Formsache sein, wenn wir bestätigen, dass
ihr Verhalten vorbildlich und einwandfrei war.

-1-

Abb. 6.2-1 J

Fa.- Anschrift der Geschäftsführung und Datum...................... / Seite 2

ZEUGNIS

① Besonders hervorzuheben sind ihr Organisationstalent sowie ihre Belastbarkeit in schwierigen Si-
② tuationen. So verstand es Frau K... ganz ausgezeichnet, die mit unseren wichtigsten Kunden und
③ Geschäftsfreunden auf dieser Ebene anfallende Kontakte mit Charme, Engagement und durch ein
④ angeeignetes Fachwissen im Sinne des Unternehmens wahrzunehmen,

⑤ Nur äußerst ungern respektieren wir ihren Wunsch, das bestehende Vertragsverhältnis aus familiären Gründen fristgerecht zum 30.09.20.. zu beenden.

⑥

⑦ Wir bedanken uns für eine erfolgreiche Mitarbeit und halten es für eine angenehme Pflicht, sie mit ehrlicher Überzeugung als eine wertvolle Mitarbeiterin zu empfehlen.

⑧ Frau K. begleiten für ihren weiteren Lebensweg beruflich und persönlich unsere besten Wünsche.

Ort, Datum, Firma........... ....

(Unterschriften vom) Geschäftsführender Gesellschafter Personalleiter

-2-

Abb. 6.2-1 K

Meine Anmerkungen zu beiden Seiten dieses Zeugnisses des Falles 21 /Seiten 1+2

① *Die Ebene*, auf der sich die „Dame" befand, *war ganz oben*. Dieses ergibt sich aus der Aussage beider
② Funktionen ihres Chefs. Seine Mitarbeiterin hatte sich nicht in diesem Unternehmen auf einer Karriereleiter hochgearbeitet, sondern sie *war von Anfang an* in der Unternehmensspitze.

③ Die Aufgaben der Sekretärin werden nicht beschrieben, sondern nur mit dem Begriff „vielfältige Palette" angedeutet. Schließlich kennt man ja solche Aufgaben. Selbst die Beurteilung dieser Aufgaben (s. 4. Absatz) wird fast als lästig empfunden mit dem Begriff: „*selbstverständlich*" u.a. Der Schwerpunkt ihrer Aufgaben lag in den sog. **„zusätzlichen Aufgaben"**, die immer wieder angedeutet oder – stilistisch zum Teil sehr fragwürdig – hervorgehoben wurden. In größeren Unternehmen werden die unter ③ genannten Aufgaben von der Presse- oder Öffentlichkeits- oder Auslands-Abteilung übernommen.

④+⑦ Viele Formulierungen klingen außerordentlich antiquiert (dem Alter und der Sprache ihres Chefs angepasst?) wie der Begriff: *„Die Zuständigkeit der Firmen-Bibliothek"* oder in den Aussagen: *„perfekt beherrschen"* = doppelt gemoppelt oder *„der Sprache mächtig sein", „harmonische Mitarbeit", „ehrliche Überzeugung" oder „wertvolle Mitarbeiterin"*. Sie rückt mit jeder weiteren Aussage wieder ein Stückchen höher auf ihrem Funktionen-Podest. Ihnen als Leserin und Leser bleibt es überlassen zu erkennen, von wem wohl diese Formulierungen stammen? – Natürlich von ihrem Chef, für den „seine Frau K." eine enge Bezugsperson während Tagesgeschäftes war.

⑤ Der Hinweis, „dass sie regelmäßig an den Geschäftsleitungs-Sitzungen teilgenommen hatte und das Protokoll selbständig verfasste", könnte in einem verkürzten Satz auch ausgedrückt werden, denn wenn sie regelmäßig die Protokolle anfertigte, muss sie ja wohl auch bei diesen Sitzungen anwesend gewesen sein.

⑥ Was bedeutet der Hinweis, *„**dass sie sämtliche Termine** in den Bereichen Marketing/Verkauf, Finanzen/Verwaltung und Technik **verantwortlich überwachte**?" (Für diesen Fall hätte ich gerne die Vorgesetzten = Bereichsleiter/innen gefragt, was und wer damit gemeint ist? Und wer hält sich dort etwa nicht an die Chef-Vorgaben, -Termine und -Finanzen?" **Von denen wird sie dann aber gefürchtet!***

⑧ Der Hinweis auf ihre Anwendung von zwei bis drei Fremdsprachen in der täglichen Korrespondenz und wohl auch in der Konversation ist richtig und wichtig, wird aber von jedem engen MA in der „Oberen Etage" erwartet. Die Funktionen mit Gästebetreuung, Auslandsbesuche etc. werden in anderen Unternehmen von der *Auslandsabteilung* durchgeführt.

Der 5. Absatz drückt eine Breitenwirkung auf ihr Verhalten all denjenigen Personen gegenüber aus, mit denen sie in ihrem Tagesgeschäft stündlich oder täglich oder häufig zu tun hat. Von wem stammt wohl dieser Satz oder Hinweis im Zeugnis? Natürlich von ihrem HRM-Manager. Man stockt bei dem einen Wort *„liebenswert"*, und nun traut sich auch der Azubi ihr auf dem Gang zum Büro die Hand zu geben. Dass sie mit außergewöhnlichem Engagement auch weit über die normale Arbeitszeit tätig war, ist Voraussetzung für diesen auch gut bezahlten Job. Nur, wo bleibt das Privatleben und die Familie für sie? Für sie ist bzw. war nun ihr Unternehmen auch ein Großteil des Inhaltes ihres Lebens geworden, wie das ihres Chefs. Beide haben zur selben Zeit am selben Ort Unternehmenswachstum und -krisen miterlebt, und das bindet.

⑨+⑩ Diese Beurteilungen sind allgemein bekannt und richtig und wichtig, und werden meistens auch bei den Führungskräften und Top-Referenten, Top-Beratern und Chef-Sekretärinnen benutzt, jedoch im Abschluss-Absatz im Endzeugnis.

„Aber warum wohl in diesem besonderen Fall noch eine zweite Seite für das Zeugnis?"

Ich vermute (von meinen Erfahrungen aus vielen unterschiedlichen Firmen und Branchen bekannt), dass der Geschäftsführer mit seinem Personalchef den Rohentwurf der ersten Seite dieses gemeinsam formulierten Zeugnisses für seine – ihn nun verlassende Vertrauensperson – noch einmal durchgegangen waren und er seinen HRM-Chef in aller Vertraulichkeit gebeten hatte, *den Entwurf doch mal seiner Mitarbeiterin zu zeigen,* wenn er zufällig an diesem Tag nicht anwesend ist. Sollte sie noch Einwände oder besondere Wünsche haben, dann möge er diese noch einfügen bzw. ergänzen.

①+②+③ Und so versteht man auch den ersten Absatz auf der 2. Seite, den sie so gerne haben möchte, aber noch ④ ohne das Wort *Charme*. Das hatte ihr Personalchef – von sich aus freien Stücken heraus – eingefügt, zur Freude seines Chefs.

⑤ Der zweite Absatz stammt natürlich von ihrem Chef, weil er jetzt erst einmal ohne sie auskommen muss. Er blickt noch in die Zukunft seines Unternehmens und sie braucht das nicht mehr (hier) zu tun.

⑥+⑦ Beim Lesen dieses Satzes stockt man. War ich bis jetzt davon ausgegangen, dass das ihr letzter Job ⑧ gewesen war, so scheint sie auch von ihrem Alter her gesehen noch sehr rüstig und mutig zu sein, einen neuen Job zu übernehmen, besonders auch aufgrund der Empfehlung ihres Chefs (vgl. ⑦).

6.3 Muster-Zeugnisse

Auch die folgenden Zeugnisse waren Bestandteil von Bewerbungsunterlagen. Sie fielen auf durch:

- ✸ ihre Prägnanz,
- ✸ ihre Wortwahl,
- ✸ ihr Herausstellen von besonderen Aufgaben, und durch ihre
- ✸ klare Formulierung.

Leider waren sie aber noch häufig mit den gängigen Zeugnisfloskeln, wie z.B. „stets zur vollsten Zufriedenheit“ behaftet. Meine Änderungen sind daher so vorgenommen worden, dass sie noch einen Spielraum in der Beurteilungsskala zulassen.

Eine durchschnittliche gute Beurteilung wäre zum Beispiel in dem Wort *„vertrauensvoll“* zu erkennen. Eine Steigerung könnte in der Formulierung *„sehr vertrauensvoll“* und eine letzte Steigerung in der Formulierung... *“das in sie/ihn gesetzte Vertrauen war jederzeit gerechtfertigt“* oder *“sie/er überzeugte uns durch ihre/seine vertrauensvolle Mitarbeit“* zum Ausdruck gebracht werden.

> Die in den folgenden Muster-Zeugnissen in Klammern gesetzten Wörter könnten eine Alternativ-Formulierung darstellen, ein Herausheben oder eine Verstärkung.

Bedenken Sie bitte, dass es immer noch Sache des Arbeitgebers = Vorgesetzten ist und auch bleiben wird, die Formulierung im Zeugnis selbständig und verantwortungsvoll **alleine** vorzunehmen. ***Hierfür ist nicht der Arbeitnehmer berechtigt oder zuständig.*** Wenn Arbeitsgerichte Änderungen an der Formulierung von Zeugnissen vornehmen, dann nur im Streitfall, wenn die Aussagen des Arbeitgebers unterschiedlich interpretierbar – vor allem negativ geprägt – geworden sind.

„Wie würden Sie reagieren, wenn Sie selber ein Zeugnis oder ein Zwischenzeugnis begehren und Ihr Vorgesetzter beantwortet Ihre Bitte mit dem Hinweis✸, dass es ja eigentlich zu Ihren Personalaufgaben im HRM-Bereich gehört, Zeugnisse für die Mitarbeiter zu entwerfen bzw. zu schreiben? ✸*Sie sind doch der Fachmann für solche Aufgaben, nicht? Dann entwerfen Sie doch auch einmal Ihr eigenes Zeugnis. Das würde mich wirklich schon sehr interessieren! Hahaha!“*

Im positiven Sinne möchte Ihr Chef hierdurch Ihre Beurteilungsfähigkeit erkennen, weiß aber ganz genau, dass man (Sie) selber sich nicht mit Superlativ-Formulierungen schmücken möchte und haben nun Sorge, dass Ihr Chef sofort Ihr Zeugnis unterschreibt. Im negativen Sinne ist Ihr Chef nur zu faul, diese lästige Aufgabe zu übernehmen, obgleich er mit Ihnen sehr zufrieden ist und schon der Gedanke >>Sie verlieren zu müssen<< ihn tüchtig verunsichert.

Welche Empfehlungen kann ich Ihnen geben?

Es kommt jetzt wirklich auf die Atmosphäre in diesem Moment an! Ist er Ihnen weiterhin wohl gesonnen, dann sagen Sie ihm: *„Ich werde mir Mühe geben!“*, obgleich er genau weiß, dass diese Aussage nicht in einem Zeugnis für einen erfahrenen Mitarbeiter geschrieben werden kann oder darf.

Legen Sie ihm bitte Ihre aktualisierte Stellenbeschreibung und seine letzte Beurteilung über Sie freundlicherweise auf seinen Schreibtisch, wenn er zufällig nicht dort ist, mit dem Vermerk: *“Hallo Chef! Anbei die gewünschten Unterlagen für mein Zeugnis von Ihnen. Ich darf als Arbeitnehmer ja nicht mein eigenes Zeugnis formulieren, wie Sie mir das schon einmal deutlich zum Ausdruck gebracht hatten. M.f.G. Ihr .... (meine Telefon-Nr. ....)*

1. Muster-Zeugnis: Berufsausbildung Datenverarbeitung in der Investitionsgüterindustrie

Firma:....................................
Anschrift:................................
Datum:..................................

BERUFSAUSBILDUNGS-ZEUGNIS

Herr XY, geb. am 04. März 20.. wurde in der Zeit vom 1. September 20.. bis zum 23. Januar 20.. in unserer Hauptverwaltung in M. zum Datenverarbeitungskaufmann ausgebildet. In der Zeit vom 30.10. 20.. fand seine berufliche Ausbildung auch in unserem Werk in B. statt.

Herr XY besuchte die Berufsschule für Datenverarbeitungskaufleute und nahm erfolgreich am Blockunterricht teil. Die betriebliche Unterweisung für Herrn XY wurde dem Berufsbild des Datenverarbeitungs-Kaufmannes entsprechend durchgeführt, durch die er sich folgende Kenntnisse und Fertigkeiten aneignete:

Hauptverwaltung in M.:

· Abteilung Personal- und Sozialwesen:

Kenntnisse über die Gliederung, Funktionen und verschiedene Aufgabenbereiche des Betriebes und seine Einbindung in die Gesamtwirtschaft.

· Abteilung für Datenverarbeitung:

Einführung in die automatisierte Datenverarbeitung, Kenntnisse der betrieblichen Verwaltungsfunktionen.

Abteilungen Einkauf, Verkauf und Rechnungswesen:

Kenntnisse der betrieblichen Grundfunktionen in den Fachbereichen Beschaffung, Absatz und Betriebliches Rechnungswesen.

Werk in B.:

Kenntnisse der betrieblichen Grundfunktionen: Leistungserstellung, Lagerung, Personalwesen und Arbeitssicherheit.

Herr XY beteiligte sich (äußerst) aktiv an der praktischen und theoretischen Ausbildung im Betrieb, in der Berufsschule sowie an unseren innerbetrieblichen Ausbildungsmaßnahmen und erwarb sich mit (großem) Fleiß und Interesse gute Kenntnisse und Fertigkeiten in den Arbeitsgebieten des Datenverarbeitungskaufmannes.

Herr XY legte an der Industrie- und Handelskammer (IHK) für M. und O. am 23. Januar 20.. (vorzeitig) seine Abschlussprüfung als Datenverarbeitungskaufmann mit gutem Erfolg ab. Wegen seiner in der Ausbildungszeit gezeigten erfreulichen Leistungen und seines freundlichen Verhaltens gegenüber allen Mitarbeitern in beiden Werken haben wir Herrn XY (gerne) mit Wirkung vom 24. Januar 20.. in ein festes Angestelltenverhältnis übernommen.

Wir wünschen ihm für seinen künftigen beruflichen Werdegang in unserem Unternehmen weiterhin alles Gute.

Ort und Datum: M. ....
Unterschriften/Funktionen Leiterin Aus- und Weiterbildung Leiter EDV

Abb. 6.3-1

2. Muster-Zeugnis: Berufsausbildung Industriekaufmann in der Automobil-Industrie

Automobil-Unternehmen / Anschrift:

Datum:

BERUFSAUSBILDUNGS-ZEUGNIS

Herr D. G. , geboren am 15-01.20.. in B., wurde in der Zeit vom 01.09.20.. bis zum 01.07.20.. in unserem Unternehmen entsprechend dem *Berufsbild zum Industriekaufmann* ausgebildet.

Während seiner Ausbildung war er in folgenden Bereichen des Unternehmens schwerpunktmäßig eingesetzt:

① Buchhaltung,

② Personalwesen,

③ Verkauf und

④ Teiledienst.

Er wurde mit dem Aufgabengebiet und dem fachlichen Wissen – die dem *Aufgabengebiet des Industriekaufmanns* entsprechen – in seiner Ausbildungszeit vertraut gemacht und erwarb sich alle erforderlichen Kenntnisse und Fertigkeiten, gemäß dem beigefügten, zuständigen Ausbildungsrahmenplan als Anlage.

Herr G. führte alle ihm gestellten Aufgaben mit großer Sorgfalt stets selbständig und gewissenhaft durch. Gleichzeitig wurde ihm die *Ausführung des Projektes XYZ* übertragen, das er eigenverantwortlich betreute. Er arbeitete auch bei schwierigen Aufgaben stets zügig und konzentriert. Die Zusammenarbeit mit seinen Vorgesetzten (unserer Ausbildungsleitung und allen Vor-Ort-Ausbildern) und seinen Kollegen war sehr aufgeschlossen und kooperativ.

Während seiner Ausbildungszeit besuchte Herr G. die zuständige Berufsschule in B. Aufgrund seiner sehr guten schulischen Leistungen und Ergebnisse in unserem Ausbildungsbetrieb hatte Herr G. seine Abschlussprüfung an der IHK in B. ein halbes Jahr früher mit gutem Erfolg abgelegt. Dies war auch der Grund, weshalb wir Herrn G. nach seiner erfolgreichen Berufsausbildung in unserem HRM-Bereich (Personalwesen) eine zukunftsorientierte Funktion übertrugen.

Wir freuen uns über unseren neuen, ausgelernten Mitarbeiter und wünschen ihm weiterhin viel Erfolg.

....

B., den 11. Juli 20.. ZA-Niederlassung NL-Leiter Human Resources Manager

Anlage: 2 Auszüge aus dem Ausbildungsrahmenplan Unterschriften

Abb. 6.3-2 A

AUSBILDUNGSRAHMENPLAN (2 Auszüge auf einer Seite)
für die Berufsausbildung zum Industriekaufmann /-frau

Lfd. Nr.	Teil des Ausbildungs-berufsbildes	Zu vermittelnde Kenntnisse und Fertigkeiten	zu vermitteln im Ausbildungshalbjahr 1	2	3	4	5	6
1	Materialwirtschaft (§3 Nr. 1)							
1.1	Organisation der Materialwirtschaft (§3 Nr. 1 Buchstabe a)	a) Aufgaben der Materialwirtschaft beschreiben, b) Organisatorischen Aufbau der Materialwirtschaft im Ausbildungsbetrieb erklären. c) Stellung der Materialwirtschaft in der Organisation des Ausbildungsbetriebes und die Zusammenarbeit mit anderen Funktionsträgern b eschreiben.	x x x	x x x				
1.2	Einkauf (§ Nr. 1 Buchstabe b)	a) Einkaufsunterlagen zusammenstellen, auswerten und ergänzen. b) Bedarf in Zusammenarbeit mit technischen und/oder mit kaufmännischen Stellen ermitteln. c) Beschaffungsalternativen aufzeigen usw.	x x x					
1.6	Materialverwaltung §3, Nr. 1 Buchstabe f)	a) Lagerbestände erfassen und kontrollieren b) Lagerkennzahlen und Bestellzeitpunkt nach Anleitung ermitteln. c) Arbeitsablauf in der Materialverwaltung des Ausbildungsbetriebs beschreiben		x x x				
2.1	Organisation der Produktionswirtschaft (§ 3 Nr. 2 Buchstabe a)	a) Aufgaben der Produktionswirtschaft beschreiben. b) Organisator. Aufbau der Produktionswirtschaft im Ausbildungsbetrieb beschreiben usw.		x x	x x			

Abb. 6.3-2 B

Anmerkung

Den kleineren Betrieben, die bisher noch keine Berufsausbildung durchführen wollen oder noch nicht konnten, sind die *Ausbildungsrahmenpläne* noch nicht so bekannt. Für sie sind diese Auszüge als Anhänge in den Bewerbungsunterlagen sehr hilfreich, damit sie erkennen können, welche Kenntnisse und Fertigkeiten die gerade Ausgelernten in ihren Berufen erlernt und auch schon in die Praxis umgesetzt haben. Denn die meisten Arbeitgeber können und wollen auch nicht im Detail den gesamten Lehrstoff in einem Zeugnis unterbringen.

Den mittleren und größeren Unternehmen, die selbst Berufsausbildungen vornehmen, sind die *Ausbildungsrahmenpläne natürlich bekannt*, sodass den *Personalern* und *Fachvorgesetzten* des Personal suchenden Unternehmens es ausreicht, wenn sie in den Bewerbungsunterlagen und später im Interview erfahren, welche Ausbildungs-Richtung – nachgewiesen durch das Berufsausbildungs-Zeugnis der Bewerber bzw. die Bewerberin – erfolgreich abgeschlossen und auch schon praktiziert hat.

3. Muster-Zeugnis: Berufsausbildung Fachkraft für Lagerwirtschaft / Automobil-industrie

Automobil-Unternehmen / Anschrift:

Datum:

BERUFSAUSBILDUNGS-ZEUGNIS

Frau M. K., geboren am 25.09.19.. in B., absolvierte in der Zeit vom 010.09.20.. bis zum 23.01.20.. ihre *Berufsausbildung für Fachkraft für Lagerwirtschaft* in unserem Unternehmen in der Niederlassung in B.

Sie wurde mit allen Aufgaben, die dem Berufsbild und dem Arbeitsgebiet der Fachkraft für Lagerwirtschaft entsprechen, in unserer Ausbildungszeit vertraut gemacht.

Dazu gehörte schwerpunktmäßig die Vermittlung folgender Tätigkeiten:

① Das Kommissionieren und Greifen von Ersatzteilen für Kundenaufträge.

② Die Einlagerung von Neuteilen gemäß der Lagerordnung.

③ Die Entgegennahme und Bearbeitung der Kundenaufträge.

④ Die Überprüfung und Einlagerung der Wareneingänge.

⑤ Die Verpackung von Teilen für den Versand.

⑥ Kennenlernen aller Funktionen des Lagerwesens unserer Niederlassung.

Frau K. führte die ihr gestellten Aufgaben sorgfältig, geschickt und gewissenhaft aus und erzielte dadurch gute Arbeitsleistungen. Sie verfügte über eine gute Auffassungsgabe und Organisationstalent, die ihr während der gesamten Berufsschulausbildung sehr zugute kamen.

Die unterschiedlichen Aufgaben in ihrer Ausbildung nahm sie gerne an. Auch an hektischen Tagen bewahrte sie stets die Übersicht. Ihr Verhalten gegenüber ihren Vorgesetzten war höflich und freundlich und ihren Kollegen gegenüber auch immer hilfsbereit.

Während ihrer Ausbildungszeit besuchte sie auch die zuständige Berufsschule in B. Aufgrund ihrer guten Leistungen in der Berufsschule und im Betrieb konnte sie ihre Abschlussprüfung vor der IHK zu B. ein halbes Jahr früher mit der Note 1,3 ablegen.

Aus diesem Grund boten wir ihr nunmehr im Anschluss an ihre Ausbildung eine Tätigkeit in unserem Teile-Betrieb an. Dort ist sie seit dem 24.01.20.. als *Lagerfacharbeiterin* unbefristet eingesetzt.

Wir wünschen ihr weiterhin viel Erfolg.

B., den 23. Januar 20.. ....

XY-Niederlassung 2 Unterschriften Leiter Lagerwirtschaft Leiterin Berufsausbildung

Abb. 6.3-3

4. Muster-Zeugnis: / Praktikum für Studenten der Fachhochschule Fachrichtung Physikalische Technik / im bekannten amerikanischen Bürokommunikations-Unternehmen in Deutschland

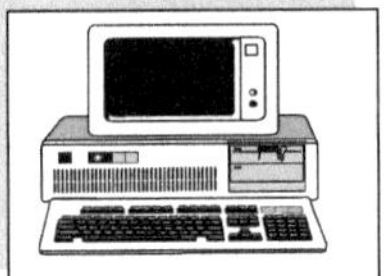

Bürokommunikations-Unternehmen
Anschrift:
Datum:

PRAKTIKUMSNACHWEIS

Herr H. S. hat als Studierender im 2. Semester in der Zeit vom

01. März 19.. bis 31. August 19..

in unserem Unternehmen praktiziert. Das Praktikum entsprach den Richtlinien der Fachhochschule .... *Fachrichtung Physikalische Technik.*

Während der Ausbildung war Herr S. im Bereich Analyselabor für Halbleiter und Mehrschichtkeramik tätig, wo er die die Gelegenheit hatte, sich in einem breit gestreuten fachorientierten Themenkreis einzuarbeiten.

Im Einzelnen beschäftigte sich Herr S. vorwiegend mit folgenden Aufgabenstellungen:

Mitarbeit in der Prozess-Fehleranalyse von 4 MB Halbleiter-Speicherchips:

① Probenpräparation mit nasschemischen und Trockenätzverfahren,

② Probenuntersuchungen am elektrischen Messplatz mit Lichtmikroskopie und Elektronenstrahlmikroskopie einschließlich energiedispersiver Röntgenstrahlenanalyse und

③ Profiluntersuchungen von Lackkanten nach Entwickeln von trockengeätzten Strukturen.

Herr S. hat die ihm übertragenden Aufgaben mit großem Interesse und guter Sachkenntnis aufgenommen und sie äußerst gewissenhaft und erfolgreich durchgeführt. Sein gründlicher und zielorientierter Arbeitsstil sowie auch sein Interesse, sich Fachgebiet-übergreifende Qualifikationen anzueignen, haben uns überzeugt.

Sein Verhaltenden den Vorgesetzten gegenüber war gleichbleibend freundlich und höflich und seine Kollegen unterstützte er auch über die normale Arbeitszeit hinaus.

Wir bedanken uns bei Herrn S. für seine sehr erfolgreiche Mitarbeit und wünschen ihm für sein Studium und weiteren Lebensweg alles Gute.

S., den 31. August 19..   (2. kompetente Unterschriften) ....

Abb. 6.3-4

5. Muster-Zeugnis: / Studentische Hilfskraft der ...Universität / am Institut für Biophysik

Universität B /Institut für Biophysik
Anschrift:
Datum:

ZEUGNIS

Herr cand. math. B. R., geb. 01.05.19.., war in der Zeit vom 01.11.20.. bis zum 30.04.20.. als **studentische Hilfskraft in Teilzeitarbeit** (10 Stunden pro Woche) befristet am **Institut für Biophysik der ....Universität B...** eingesetzt.

Zu seinem Aufgabengebiet gehörten im *Rahmen eines Forschungsprogrammes* folgende Tätigkeiten:

- Auflistung der XY-Daten von Röntgenstrukturanalysen biologischer Makromoleküle,
- Selektion relevanter Daten zur Berechnung der räumlichen Molekülstrukturen,
- Entwicklung von Programmen zum Bau von Strukturmodellen für stereoskopische Plotterzeichnungen und zur Berechnung der Moleküloberflächen,
- Vorbereitung und Durchführung der Programmtestläufe,
- Anfertigung von Programmbeschreibungen,
- Abwicklung und Pflege der fertiggestellten Programme.

Herr L. hatte sich sehr schnell in die für ihn unbekannte und z.T. schwierige Materie eingearbeitet und in ständiger Rücksprache mit dem Rechtsunterzeichner dessen Vorstellungen und Ideen bei der von ihm vorbereiteten Systemanalyse für die zu entwickelnden und durchzuführenden Programme optimal umgesetzt. Herr R. zeichnete sich durch eine rasche Auffassungsgabe und überdurchschnittliche Einsatzbereitschaft aus und zeigte durch die Intensität seiner Arbeit großes Interesse an dem Gelingen der verschiedenen Programme.

Wir danken Herrn R. für seine erfolgreiche Mitarbeit an unserem Institut und wünschen ihm für die Zukunft alles Gute.

B...., den 30.04.20..

...-Universität B. ....
Institut für Biophysik 2 Unterschriften

Abb. 6.3-5

6. Muster-Zeugnis: Psychologisches Praktikum/beim Arbeitsamt K. /Psychologischer Dienst

Arbeitsamt..K................/
Psychologischer Dienst

Anschrift:

....

PRAKTIKUMSZEUGNIS

Herr S. M., geb. am ..., hat sein zweites Psychologisches Praktikum in der Zeit vom

09.07.19.. bis zum 17.08.19..

bei der *Bundesanstalt für Arbeit* abgelegt. Während dieser Zeit lernte er sämtliche Aufgaben und Probleme des *Psychologischen Dienstes* unter der Anleitung eines erfahrenen Psychologen kennen.

Er hatte die Möglichkeit, sich mit verschiedenen Testverfahren vertraut zu machen.

Bei den Probanden handelte es sich um Geistig-Behinderte, Lern-Behinderte, Hauptschüler, Realschüler und Abiturienten. Den größten Anteil bildeten Erwachsene, die aus gesundheitlichen oder persönlichen Gründen eine berufliche Umschulung (Rehabilitation) anstrebten.

Eine besondere Problemgruppe waren zu dieser Zeit auch Asylanten und Aussiedler, die verständlicherweise – trotz Teilnahme an Sprachkursen – große Schwierigkeiten in Bezug auf die mit einer Ausbildung oder Umschulung verbundenen *schriftsprachlichen Anforderungen* haben.

Während seines Praktikums wurden auch Personen mit psychosomatischen und neurotischen Problemen beraten. Herrn M. war es sehr gut gelungen, sich in die vielschichtigen Probleme einzufühlen und konstruktiv mitzuarbeiten.

Er hatte an verschiedenen Gesprächen teilgenommen und die Formulierung von Gutachten trainiert.

Wir haben Herrn B. als eine freundliche, ausgeglichene und kooperative Persönlichkeit kennengelernt und wünschen ihm für seine Berufspraxis einen guten Erfolg.

Ort und Datum ....

(Unterschrift) Dipl.-Psychologe

Abb. 6.3-6

7. Muster-Zeugnis: Scheibenprüferin (gewerbliche AN) im Maschinenbau

Maschinenbau-Unternehmen
Anschrift: ....

Zeugnis

Frau X.Y., geborene WZ, geboren am 09. Mai 19.., war in der Zeit vom

09. März 19.. bis zum 31. Dezember 19..

als ***Scheibenprüferin*** in der ***Abteilung Inspektion*** unseres Unternehmens tätig.

Zu ihren verantwortungsvollen Aufgaben gehörten hauptsächlich die Endkontrolle und das Signieren der Schleifscheiben. Aufgrund ihrer jahrelangen Erfahrungen und Fertigkeiten war Frau Y. in der Lage, selbständig und verantwortlich Aushilfskräfte gut und schnell in unserer Abteilung einzuarbeiten.

Frau Y. hatte uns mit ihren stets sehr sorgfältig und zuverlässig ausgeführten Arbeiten voll zufrieden gestellt.

Ihr Verhalten ihren Vorgesetzten, Kollegen und Mitarbeiterinnen gegenüber war freundlich, verbindlich und stets kooperativ.

Aufgrund von *Rationalisierungsmaßnahmen und im Rahmen unseres betriebsbedingten Sozialplanes* scheidet Frau Y. mit dem heutigen Tage im gegenseitigen Einvernehmen aus unserem Unternehmen aus.

Wir bedauern ihr Ausscheiden und verbinden dieses mit unseren besten Wünschen für ihre weitere Zukunft.

Ort und Datum ....

(2 Unterschriften) Leiter *HRM* Leiter *Inspektion*

Abb. 6.3-7

8. Muster-Zeugnis: Sekretärin in der Investitionsgüter-Industrie

Unternehmen: XY-AG
Zentrales Rechnungswesen
Datum: ....

ZEUGNIS

Frau H. Sch. , geboren am ....23. Juni 19.. in W. , war in der Zeit vom

1.November 19.. bis zum 31. Januar 20..

in unserer Hauptverwaltung als *Sekretärin* in *der Betriebswirtschaftlichen Abteilung* unseres Zentralen Rechnungswesens tätig.

Sie war mit der Erledigung aller Arbeiten betraut, die im Rahmen eines Zentralen Sekretariates für insgesamt 5 Mitarbeiterinnen anfallen. Die Schwerpunkte ihres Aufgabengebietes waren:

- Die Durchführung aller Schreibarbeiten aus allen Sachgebieten der Betriebswirtschaft einschließlich der selbständigen Erledigung der dazugehörigen internen und externen Korrespondenz.
- Die Abwicklung zahlreicher organisatorischer Aufgaben wie:
  - Organisation und ständige Ablage nach relevanten Sachgebieten für die o.g. Mitarbeiter,
  - Terminplanung und Terminverfolgung,
  - Vorbereitung von Dienstreisen und deren Abrechnung und die Büromaterialbeschaffung

Aufgrund ihrer schnellen Auffassungsgabe war Frau Sch. bald in der Lage, zahlreiche Sonderaufgaben zu übernehmen. Hierzu gehörten die Mitarbeit bei der Auswertung des betriebswirtschaftlichen Berichtswesens unserer in- und ausländischen Tochtergesellschaften, die Mitarbeit bei der Auswertung von EDV-Unterlagen im Rahmen des Controllings sowie die Protokollführung bei Besprechungen, die sie mit großer Sachkenntnis erledigte.

Frau Sch. hat sich uns als eine engagierte Mitarbeiterin dargestellt, die ihre Aufgaben schnell, selbständig und kompetent erledigte. Ihr Arbeitsstil blieb auch in Zeiten starker Arbeitsbelastung stets systematisch und umsichtig. Mit ihren (vorbildlichen) Leistungen hat sie uns (außerordentlich) zufriedengestellt. Ihre fachlichen Qualifikationen, Zuverlässigkeit und ihre stets freundliche (und ausgeglichene) Art haben uns überzeugt. Gegenüber unseren Vorgesetzten zeigte sie sich höflich, zuvorkommend und stets loyal. Ihre Kolleginnen schätzten an ihr ihre gleichbleibende Freundlichkeit (und Hilfsbereitschaft).

Frau Sch. verlässt uns heute. Wir bedauern (sehr) ihr Ausscheiden, danken für ihre ausgezeichnete Mitarbeit verbunden mit den (besten) Wünschen für eine (weiterhin) erfolgreiche (berufliche) Zukunft.

Ort, Datum ....

2 Unterschriften (lesbar) mit Funktion Funktion

Abb. 6.3-8

9. **Muster-Zeugnis: Produktmanager Nahrungsmittel-Industrie** (Seite 1)

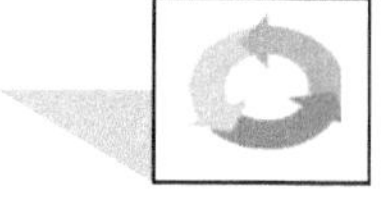

Unternehmen: MS-GmbH
Produkt-Management
Datum: ....

ZEUGNIS

Herr M. T., geboren am 23. Juni 19.. in ...., war in der Zeit vom 01.03.20.. bis zum 30.09.20.. zunächst als *Junior-Produkt-Manager* in unserem Unternehmen tätig und übernahm schon nach einer kurzen Einarbeitungszeit folgende *Aufgabenschwerpunkte:*

- Selbständige Konzeption von Verkaufsförderungsmaßnahmen inkl. der entsprechenden Werbemittel.
- Einführung unseres Produktes QA sowie die
- Erarbeitung und Durchführung einer Produktübertragung.

Innerhalb eines Zeitraumes von 6 Monaten wurde Herrn M. T. ein Praktikant zugeordnet, dessen fachliche Führung er mit viel Geschick und Einfühlungsvermögen wahrgenommen hatte. In seiner damaligen Funktion als *Junior-Produkt-Manager* trug Herr T. die volle Verantwortung für das Marketingmix der Marke >>K<< einschließlich der Budgetüberwachung.

Am 01.10.20.. wurde er mit der Konzeption, Durchführung und Betreuung der Marke >>T<< beauftragt.

In dieser neu geschaffenen Funktion betreute Herr M. T. alle Marken der >>T-Gruppe<< für die Länder Holland, Belgien, Schweiz und später auch für England und Frankreich.

Dank seiner bisherigen ausgezeichneten Leistungen wurde Herr T. am 01.01.20.. zum *Produkt-Manager mit voller Budget-Verantwortung* für Promotion (Verkaufsförderung) + Advertising (Werbung) ernannt.

Seine Tätigkeiten umfassten hierbei folgende Aufgabenschwerpunkte:

① Entwicklung von Promotion-Planungen und Marketing-Konzeptionen in Zusammenarbeit mit unserem Vertrieb EXPORT.

② Selbständige Anforderung und Analyse von Marktforschungsdaten über externe Institute.

③ Vorbereitung und Abwicklung von Präsentationen im In- und Ausland.

④ Aktualisierung und Kontrolle der Auslandsversionen von „T"-Produkten hinsichtlich Pflichtangaben und Markenführung.

⑤ Zusammenarbeit mit Agenturen und „freien" Mitarbeitern.

⑥ Selbständiges Überarbeiten der Segmentmarke „B" und

⑦ Mitarbeit an der internationalen Einführung unseres Produktes „T"-T.

Dank seiner hervorragenden Produktkenntnisse und seines ausgeprägten Organisations- und Verkaufstalents wurde ihm die maßgebliche Aufbau- und Mitarbeit an der Konzeption der Messe „I" sowie an der Vorbereitung der Messe „D" in Ungarn und der Messe „E" in Portugal übertragen.

-1-

Abb. 6.3-9 A

9 **Muster-Zeugnis: Produktmanager Nahrungsmittel-Industrie** (Seite 2)

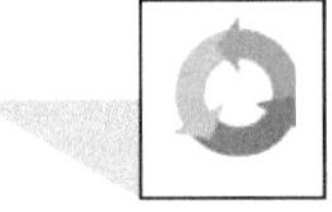

Unternehmen: MS-GmbH

Z E U G N I S (Seite 2)

Mit seinen verschiedenen Tätigkeiten und Verantwortlichkeiten in unserem Unternehmen hatte sich Herr T. ausgezeichnete und umfassende Kenntnisse angeeignet. <u>Wir stellen ihm daher gerne das Zeugnis eins qualifizierten Produkt-Managers aus, der seine vielfältigen und anspruchsvollen Aufgaben außerordentlich erfolgreich erledigte.</u>

Er identifizierte sich zu jeder Zeit mit seinen Aufgaben und den von ihm betreuten Produkten am Markt und verfolgte die von ihm erarbeiteten und an den Unternehmenszielen orientierten Zielsetzungen mit großem Engagement, Interesse und Zuverlässigkeit.

Herr M.T. war von allen Seiten unseres Unternehmens als kompetenter Gesprächspartner anerkannt und geschätzt. Sein Verhalten gegenüber seinen Vorgesetzten war stets getragen von Loyalität und Zuverlässigkeit und seinen Mitarbeitern und Kollegen gegenüber von steter Freundlichkeit und Kollegialität.

Herr T. verlässt uns mit dem heutigen Tage auf eigenen Wunsch. Wir bedauern seine Entscheidung sehr und wünschen ihm für die Zukunft alles Gute!

Ort und Datum ....

2 Unterschriften mit Kompetenzen

-2-

Abb. 6.3-9 B

10. Muster-Zeugnis: Empfangssekretärin / Hotel

WALDHOTEL...............................
Anschrift..
Datum ....

Z E U G N I S

Frau L. K........, geb. ...., geboren am ...., war in der Zeit vom .... bis .... in unserem Hotel.......... als ***Mitarbeiterin im Empfangsbereich*** tätig.

Frau L.K. begann ihre Tätigkeit in unserem Hotel mit Restaurant als **Empfangssekretärin**. Zu ihren Hauptaufgaben gehörten:

① das Vorbereiten der Gruppenlisten,

② der Gästeempfang und

③ die Gästebetreuung,

wie das Aussuchen geeigneter Zimmer, die Übernahme des Telefondienstes, die Annahme von Reservierungen und das Erstellen und die Ablage diverser Listen und Formulare.

Frau L. K. arbeitete sich zügig in sämtliche Bereiche des Empfangs ein und war ebenfalls zuständig für den Kassenbereich. Hier übernahm sie stets korrekt und zuverlässig das Verbuchen des Tagesumsatzes, das Kassieren der Gästerechnungen und das Erstellen und Verbuchen der Tagesumsätze. Dank ihrer bisher gezeigten ausgezeichneten Leistungen übertrugen wir ihr am .... die **Position einer Schichtleiterin.**

In dieser Position war sie im Wesentlichen verantwortlich für:

④ die Zimmerdisposition,

⑤ die Kontrolle der Hotelkasse und

⑥ die Vorbereitung und Koordination der Reservierungsunterlagen

und führte die jeweilige Schicht mit gutem Sachverstand, mit Durchsetzungsvermögen und ausgezeichnetem Organisationtalent.

Bei der Einführung neuer Mitarbeiter und der systematischen Schulung des gesamten Empfangspersonals und unserer Auszubildenden zeigte Frau L. K. ein ausgeprägtes Einfühlungsvermögen, Geschick im Umgang mit Menschen und Führungsverantwortung.

Zuverlässigkeit, hohe Einsatzbereitschaft, zügiges Arbeiten bei gleichbleibender Freundlichkeit runden ihr Persönlichkeitsbild ab. Ihren Vorgesetzten und Kollegen und vor allem unseren zahlreichen Gästen gegenüber zeigte sie sich stets höflich und zuvorkommend. Unsere Mitarbeiter in der Schicht schätzten an ihr gleichermaßen ihre guten Fachkenntnisse und ihren kooperativen Führungsstil.

Frau L. K. scheidet heute auf eigenem Wunsch aus unserem Hotel aus. Wir bedanken uns für ihre ausgezeichnete Mitarbeit verbunden mit den besten Wünschen für ihre weitere berufliche Zukunft.

Datum ....

Abb. 6.3-10

11. Muster-Zeugnis: Masseur + Bademeister/ Hotel

WALDHOTEL................................
Anschrift...
Datum ....

Z E U G N I S

Herrn M. F................., geboren am ...., war in der Zeit vom .... bis .... in unserem Hotel .... als ***Masseur und medizinischer Bademeister*** **in unserer *Therapieabteilung*** tätig.

Zu seinem Aufgabengebiet gehörte im Wesentlichen die Verabreichung von

① Massagen und Unterwassermassagen,

② Fangopackungen,

③ medizinischen Bädern,

④ Bewegungstherapien sowie

⑤ Bewegungsbädern.

Die hierfür notwendige Organisation der Behandlungen führte Herr F. ebenfalls selbständig durch.

Herr F. besaß sehr gute Fachkenntnisse, die er in der täglichen Praxis erfolgreich therapeutisch umsetzte. Zu unseren Gästen fand er schnell einen vertrauensvollen Kontakt und Zutrauen. Seine Aufgaben erledigte er mit großem Interesse, hohem Arbeitseinsatz und auch überzeugend.

Sein Verhalten seiner Vorgesetzen gegenüber war korrekt*. Seinen Kollegen und Kolleginnen gegenüber verhielt er sich freundlich und zuvorkommend.

Wir bedanken uns für seine gute Mitarbeit und wünschen ihm bei dem Aufbau einer eigenen Praxis Glück und Erfolg.

Datum ....

Unterschrift der Hotelbesitzerin

Abb. 6.3-11

***Anm.**: Aus diesem Zeugnis ist ersichtlich, dass er wohl erhebliche Probleme mit seiner Vorgesetzten – der Hotel-Inhaberin – hatte. Dieses fällt dadurch auch besonders auf, weil sein Verhalten gegenüber dem anderen Personal und den Gästen hoch gelobt wurde. Möglicherweise gab es hier wohl ein zwischenmenschliches Problem.

12. Muster-Zeugnis: Sous-Chef / Hotel-Restaurant

WALDHOTEL................................
Anschrift..
Datum ....

ZEUGNIS

Herr A. B. .., geboren am ....., war in der Zeit vom .... bis zum .... in unserem Hotel/Restaurant als **1. Küchenfleischer** und **Sous-Chef** tätig. Herr B., der sowohl den Koch-Beruf als auch das Fleischer-Handwerk erlernte und mittlerweile in beiden Berufen seinen Meistertitel führt, begann seine Tätigkeit in unserem Hotel und Restaurant als *Verantwortlicher 1. Küchenfleischer.*

In dieser Funktion war er verantwortlich für den bzw. die

① selbständigen Einkauf sämtlicher Fleisch-, Wild- und Geflügelwaren,

② Annahme und Kontrolle von Frischfleisch, Wild und Geflügel,

③ Portionierung sämtlicher Fleischsorten für die diversen Küchenbereiche,

④ Erstellung und Vorbereitung von täglich wechselnden Spezialitäten in unserer Grillküche sowie

⑤ Erstellung von Banketten in der Größenordnung von 10 bis 40 Personen.

Aufgrund seiner Vielseitigkeit, seines großen Interesses und seiner erfolgreichen Tätigkeit übertrug ich Herrn B. im Frühjahr 20.. zusätzlich auch die *Funktion des Sous-Chefs* für unsere Bankett-Küche. In dieser Funktion übernahm er die Vertretung unseres Bankett-Chefs während dessen Abwesenheit und dessen Dienstplan-Gestaltung.

Besonders hervorheben möchte ich sein Interesse an der *Ausbildung unseres Nachwuchses.* Im Verlauf seiner Tätigkeit hielt er für unsere Auszubildenden diverse Fachkurse ab und bildete unsere Koch-Auszubildenden vor Ort vorbildlich aus. Hierbei kamen ihm sein pädagogisches Geschick und seine Überzeugungsfähigkeit gleichermaßen zugute.

Dank seiner vielseitigen Fachkenntnis und seines unermüdlichen Einsatzes war Herr B. bei unseren *diversen Großveranstaltungen* und bei der *Durchführung zahlreicher Spezialitäten-Wochen* eine wertvolle Hilfe, insbesondere auch aufgrund seiner aktiven Mithilfe bei mehreren *Chaîne des Rôtisseurs-Essen.* Zusätzlich zu seinen vielfältigen Aufgaben war Herr B. auch für die Verpflegung unserer 35 Mitarbeiter zuständig.

Ich bestätige Herrn B. gerne, dass er seine Aufgaben ausgezeichnet erledigt hatte. Er zeigte stets großes Interesse für sein Aufgabengebiet, vorbildliche Einsatzbereitschaft und ein gutes Organisationstalent. Er überzeugte Vorgesetzte, Gäste und Mitarbeiter durch seinen ausgeprägten Teamgeist, sein freundliches und zuvorkommendes Verhalten und aufgrund seiner Bereitschaft, auch unter hohem Zeitdruck zusätzliche Aufgaben zu übernehmen, ohne den Überblick zu verlieren.

Wir bedauern seinen Austritt sehr und wünschen ihm weiterhin viel Glück und Erfolg.

Datum ....

Unterschrift der Hotelbesitzerin

Abb. 6.3-12

Anm.: *„Können Sie erkennen, von wem wohl der 1. Absatz stammt?“* Natürlich nach seiner Bitte von ihm selber wegen der Nennung seiner Meister-Titel, auf die er – mit Recht – sehr stolz war!

13. Muster-Zeugnis: Assistent des Personalleiters / Internationales Automobilunternehmen (Seite 1)

Internationales Automobil-Unternehmen
Deutsche Tochtergesellschaft in ....
Ausstellungsdatum...............................

ZWISCHEN-ZEUGNIS (Seite 1)

Herr M. M........, geboren am .... in ...., begann seine ersten Karriereschritte in unserem Unternehmen am O1.06.20.. als ***Assistent des Leiters HRM*** (Human Resources Management). Er war zunächst eingesetzt auf dem ***>>Gebiet der Personalbeschaffung<<*** und entwarf die internen und externen Stellenausschreibungen, nahm den Kontakt mit den Bewerbern auf, schaltete das Arbeitsamt ein, sichtete die Stellengesuche in den Medien und setzte sich mit Verleih-Agenturen für befristet eingestellte Aushilfen in Verbindung. Nach der Überprüfung der Bewerbungsunterlagen unterstützte er seinen Vorgesetzten, den Personalleiter, bei der Vorauslese und Entgeltfindung und führte gemeinsam mit ihm und später auch selbständig die Interview-Gespräche durch, beriet die Fachvorgesetzten bei der Personalauswahl und leitete das Einstellungsverfahren mit dem Betriebsrat ein.

Zu seinen weiteren Aufgaben gehörte die Mitarbeit an diversen Projekten wie:

① Die Erstellung des Personalbedarfes und Beschaffung- und Einsatzplanes sowie die Überwachung der Personalkosten.

② Die Ausarbeitung von diversen Betriebsvereinbarungen.

③ Die Vorbereitung für die Festlegung der Entgeltbandbreiten sowie Eingruppierungsmerkmale durch verschiedene Betriebsvergleiche und

④ das Auswerten der Fehlzeiten und die Durchführung einleitender Maßnahmen zu deren Reduzierung sowie

⑤ das Erstellen und Durchsetzen von diversen internen Richtlinien und Regelungen.

Im Rahmen unserer >>***Personalbetreuung<<*** beriet er unsere Mitarbeiter in personellen Angelegenheiten wie Arbeitsplatzgestaltung, Umsetzungs-, Versetzungs- und Weiterbildungsmaßnahmen und arbeitete Aufhebungsverträge und Zeugnisentwürfe aus.

Mitte des Jahres 20.. wurde durch unseren HRM-Bereich unsere ***Kaufmännische Berufsausbildung*** installiert. Hierbei hatte Herr M. grundlegende Aufbauarbeit geleistet und betreute unsere kaufmännischen Berufsauszubildenden durch ein von ihm aufgebautes Schulungsprogramm, das wesentlichen Anteil an den erfolgreichen Leistungen und Prüfungsergebnissen unserer Azubis hatte.

Mitte 20.. absolvierte Herr M. vor der Industrie- und Handelskammer in K. die Ausbilder-Eignungsprüfung mit ausgezeichneten Ergebnissen und ist seit diesem Zeitpunkt der ***Ausbildungsbeauftragte unseres Unternehmens im Bereich der Kaufmännischen Berufsausbildung***.

Am 01.02.20.. wurde Herr M. zum **Gruppenleiter e**rnannt und ist verantwortlich für die **Bereiche Personalbeschaffung und Personalbetreuung**. Im Laufe seiner Tätigkeiten qualifizierte er sich durch die Teilnahme an diversen fachbezogenen Seminaren und durch die Erweiterung seines komplexen Aufgabengebietes.

-1-

Abb. 6.3-13 A

13. Muster-Zeugnis: Assistent des Personalleiters / Internationales Automobilunternehmen (Seite 2)

Internationales Automobil-Unternehmen
Deutsche Tochtergesellschaft in ....
Ausstellungsdatum...............................

ZWISCHEN-ZEUGNIS (Seite 2)

Zusätzlich zu seinem bisherigen Aufgabengebiet ist Herr M.... maßgeblich an der Erstellung von Stellenbeschreibungen unserer Belegschaft beteiligt und nimmt gemeinsam mit seinem Vorgesetzten – und später auch stellvertretend für ihn – an Betriebsratssitzungen und Sitzungen des Wirtschaftsausschusses teil. Zunehmend berät er auch unsere ausländische und deutsche Geschäftsführung sowie unsere Führungskräfte in personellen und arbeitsrechtlichen Fragen.

Herr M. vertritt unseren Personalleiter während dessen Abwesenheit extern gegenüber Behörden, Schulen, Arbeitsämtern und unserem Arbeitgeberverband und trägt wesentlich auch zu einer fruchtbaren Zusammenarbeit mit internen und externen Stellen bei.

Herr M. beherrscht sein umfangreiches Aufgabengebiet sicher und verantwortungsvoll und erweist sich in der Bewältigung schwieriger organisatorischer Probleme – insbesondere auch im Verhandeln mit unserem aktiven Betriebsrat – äußerst geschickt. Er setzt die in ihn gesteckten Ziele aufgrund seiner Ausbildung als Dipl.-Kaufmann und seiner in mehrjähriger Tätigkeit gewonnenen Erfahrungen stets erfolgreich und termingerecht in die Praxis um.

Analytisches Denkvermögen, pragmatisches Vorgehen in seiner Arbeitsweise und hohe Belastbarkeit zeichnen ihn gleichfalls aus wie Vertrauenswürdigkeit, Überzeugungskraft und sein loyales Verhalten unserem Unternehmen gegenüber. Herr M. ist ein freundlicher, zuvorkommender und stets kooperativer Mitarbeiter, der aufgrund seiner Eignung und Qualifikation in eine Führungsposition unsers Unternehmens hineingewachsen ist, die ihm Akzeptanz und Vertrauen auch unter Vorgesetzten und Kollegen entgegengebracht hat.

K., den ....

....
(Geschäftsführer) (Leiter HRM)

-2-

Abb. 6.3-13 B

Anm.: Oftmals wird der Grund des Ausstellens eines Zwischenzeugnisses in diesem Zertifikat auch genannt, besonders dann, wenn es sich um einen Arbeitsplatzwechsel innerhalb der Muttergesellschaft in eine Tochtergesellschaft an einem anderen Ort oder sogar im Ausland handelt. Oder wenn der Mitarbeiter auf seiner Karriereleiter einen weiteren Sprung nach oben gemacht hat, weil er oder sie nun auch einen neuen Vorgesetzten bekommen hat und noch nicht weiß, wie er/sie von diesem später einmal beurteilt wird. Sollte sich das Aufgabengebiet ändern, weil der/die Mitarbeiter/in von einer Halbtagstätigkeit in die Vollzeittätigkeit wechselt und deshalb sich die Aufgaben oder Schwerpunkte von ihnen wesentlich ändern, dann sollte dieses aus m .E. auch im nächsten Zeugnis als Grund unbedingt vermerkt werden, damit nicht der Verdacht entstehen könnte, dass der/die MA schon einmal den Betrieb – aus welchen Gründen auch immer – wechseln wollte, was gar nicht zutreffen muss! In diesem o.g. Fall schied der HRM-Manager aus und fertigte für seine MA je ein Zwischenzeugnis an.

14. Muster-Zeugnis: Geschäftsführer im Ausland / Maschinenbau-Konzern (Seite 1)

Maschinenbau–AG Konzern
Adresse ....
Ausstellungsdatum..........................

Z E U G N I S (Seite 1)

Herr Diplom-Kaufmann E. F., geb. am ...., begann seine Tätigkeit in unserem Unternehmen am 01.01.19.. als Mitarbeiter in unserem damaligen >>Bereich Verkauf – Absatz - Marketing<<.

Als *Assistent des Vertriebsleiters* war Herr F. schwerpunktmäßig mit *Stabsaufgaben* wie das Sammeln von Marktdaten im In- und Ausland, das Erstellen von diversen Statistiken und Marktforschungsanalysen sowie die Planung und Aufbereitung von Unterlagen zur besseren Markttransparenz und Entscheidungsfindung betraut worden.

Mit Wirkung vom 01.08.20.. übernahm Herr F. die Funktion des *Gebietsverkaufsleiters in unserer Niederlassung in Frankfurt*. In dieser Führungsposition war er für den Vertrieb und den Technischen Kundendienst in den Verkaufsgebieten in Hessen, Rheinland-Pfalz und Saarland eigenverantwortlich zuständig mit einer Personalverantwortung von über 50 Mitarbeitern.

In dieser Funktion zeigte Herr F. hervorragende Leistungen, ein außerordentliches Verhandlungsgeschick und ein ausgeprägtes Organisationstalent mit ebenfalls optimistischen Zukunftsprognosen für das Jahr 20..

Mit Wirkung vom 01.04.20.. wurde Herr F. zum *Geschäftsführer unserer französischen Tochtergesellschaft XY-France* ernannt, die sich seit einem halben Jahr im Aufbau befand. Das Schwergewicht seiner Aufgaben bestand daher zuerst ① in der Sanierung dieser Firma und ② im Aufbau einer funktionsfähigen Organisation, um ③ unsere Produkte auf dem französischen Markt noch stärker bekannt zu machen, ④ Marktanteile zu erzielen und ⑤ sich dem Wettbewerb zu stellen.

Trotz der allgemein schwierigen Marktsituation und der durch ständige Kursabwertungen des Franc verursachten Preiseinbrüche verstand es Herr F. mit einer starken und motivierten Mannschaft die Marktposition unserer französischen Tochtergesellschaft außerordentlich zu stärken mit ausgezeichneten Bilanzergebnissen. Hierzu gehörte neben einer erfolgreichen Führung der operativen Geschäfte auch die Weichenstellung für eine weitere erfolgreiche Zukunft dieser Gesellschaft.

Bis Ende April 20.. war Herr F. Alleingeschäftsführer der XY-France. Auf seinen Wunsch wurde ein Mit-Geschäftsführer ernannt, sodass Herr F. sich mehr und mehr – bis zu seinem Ausscheiden aus unserem Unternehmen – dem aktiven Verkaufsgeschäft, der Stärkung unserer Marktposition und der Überwachung eines gut durchstrukturierten Verkaufsnetzes sowie unternehmensplanerischen Aufgaben widmete.

-1-

Abb. 6.3-14 A

14. Muster-Zeugnis: Geschäftsführer im Ausland / Maschinenbau-Konzern (Seite 2)

Maschinenbau – AG Konzern
Adresse ....
Ausstellungsdatum ....

ZEUGNIS (Seite 2)

Herr F. hatte ausgezeichnete Arbeit geleistet. Er verstand es, die Erfolgsaussichten unserer Produkte im Wettbewerbsvergleich marktkonform zu analysieren und die von ihm erarbeiteten Umsatz- und Erfolgsplanungen dank seiner pragmatischen Vorgehensweise durch ein außerordentliches aktives Verkaufsgeschäft zu realisieren.

Bei Verhandlungen und in den Gesprächen zeigte sich Herr F. als ein kompetenter Gesprächspartner, dessen Rat gleichermaßen von seinen Vorgesetzten, Kollegen und Mitarbeitern und unseren Kunden geschätzt wurde. Eine unbestrittene Fachkompetenz, unternehmerischer Weitblick und die Fähigkeit, seine Mitarbeiter zielgerichtet und kooperativ zu führen, runden sein Persönlichkeitsbild ab.

Herr F. schied auf eigenem Wunsch mit Wirkung zum 30.06.20.. aus unserem Unternehmen aus. Wir danken ihm sehr für seine erfolgreich und vorbildlich geleistete Arbeit und wünschen ihm alles Gute.

Ort und Datum ....

2 Unterschriften (Vorstandsvorsitzender, Vorstand Verkauf-Absatz-Marketing)

-2-

Abb. 6.3-14 B

Anmerkung:
Dieses Zeugnis stellt das Aushängeschild eines erfolgreichen Geschäftsführers dar, dem in seinem Fach- und Führungsbereich gerne von Kollegen ähnlich strukturierter Unternehmen die Türen geöffnet werden, um seinen kollegialen Rat zu hören. Das Zeugnis klingt zwar wie eine Laudatio für einen Geschäftsmann, der sich aus dem aktiven Verkaufsleben aus „seinem Unternehmen in Frankreich" verabschiedet hat. Da wir aber nicht sein Alter kennen, bleibt sein „Ruhestand" von uns nur eine Vermutung. Sein Ausscheiden aus „seinem bisherigen Unternehmen" kann deshalb durchaus möglich sein, weil ihm in seinem bisherigen Umfeld und/oder durch seine Kontakte auf wichtigen Messen ein neues reizvolles Angebot gemacht wurde, dem er (noch) nicht widerstehen konnte, und er mit viel Elan und seiner Fachkompetenz im Rücken noch einmal etwas Neues anfangen möchte. Der letzte Absatz auf der ersten Seite seines Zeugnisses verwirrt uns ein wenig, weil er seinen alleinigen Posten freiwillig (?) oder auf Drängen seiner Vorgesetzten in Deutschland einem gleichberechtigten Jüngeren Platz machen musste? Wir wissen es nicht und würden es auch nicht erfahren, weil seine geschäftlichen Kontakte auf einer ganz anderen Ebene als in einem offiziellen Bewerbungsgespräch zustande kommen, auf dem im Entscheidungsprozess auch dieses Zeugnis eine große Rolle spielt.

7. Vom Anforderungsprofil zu Zeugnisformulierungshilfen

7.1 Anforderungsprofil / Eignungsprofil

Im modernen Unternehmen ist es selbstverständlich, sich zu jeder Zeit ein Bild über das **Leistungs- und Verhaltenspotential** seiner Mitarbeiter zu machen. In unserer schnelllebigen Zeit ist der Arbeitgeber darauf angewiesen, so bald wie möglich neue oder offene, vakante Stellen durch geeignete Mitarbeiter rechtzeitig zu besetzen. Karriere-Programme und AC-Verfahren sind daher fester Bestanteil einer vorausschauenden Personalpolitik!

Um aber das notwendige „Potential an Arbeitnehmern" zu erkennen, bedarf es einer genauen Kenntnis der im Unternehmen in seinen Bereichen und Abteilungen zu verrichtenden Aufgaben und Tätigkeiten in Form von **Arbeitsplatz-** oder **Stellenbeschreibungen** mit den erforderlichen schulischen, beruflichen und weiterbildenden Anforderungen aller Arbeitsplätze und den notwendigen Kenntnissen, Fertigkeiten, Spezialwissen und Verhaltensweisen. Diese betriebsinternen Vorgaben zur Übernahme und weiterem Erhalt seines Arbeitsplatzes nennt man das **Anforderungsprofil der Stelle,** das dem Arbeitnehmer als Vorgabe, Mindestbedingungen und Richtschnur seines Handels gilt.

Ob und wie der Arbeitnehmer diese Vorgaben aus dem *Anforderungsprofil* seines Arbeitsplatzes erfüllt hat, erfährt er durch die Beurteilung seines Vorgesetzten, der sie mit den gleichen Merkmalen des **Anforderungsprofiles der Stelle** nun in Form eines **Eignungsprofiles des AN** vergleicht.

Dieser schematische Aufbau des Eignungsprofiles im Persönlichkeitsbereich erlaubt in den Kategorien „Durchschnitt" und „über Durchschnitt" Beurteilungen, die man je Merkmal verbalisiert zuordnen kann. Das ist der Weg zu PC-Anwender-gerechten **Formulierungshilfen.** Hat der Vorgesetzte „seine Kreuze" ≅ seine Beurteilung vorgenommen, lassen sie sich über den PC bei den positiven Merkmalen schnell für die einzelnen Zeugnisformulierungen abrufen.

Da die meisten Arbeitszeugnisse von den Mitarbeitern im HRM-/Personalbereich für die Vorgesetzten nach deren Beurteilungen als Entwurf geschrieben werden, haben die Vorgesetzten noch die Möglichkeit, Änderungen und Ergänzungen (möglicherweise auch nach Rücksprache mit ihrem betroffenen Mitarbeiter) vorzunehmen.

Die HRM-Mitarbeiter entnehmen nun alle notwenigen persönlichen und beruflichen Daten des betroffenen Mitarbeiters aus der Personalakte und rufen gemäß des angekreuzten Eignungsprofiles des Vorgesetzten die verbalisierten Beschreibungen für das Zeugnis zusammen.

Der letzte Entwurf, wenn er vom Vorgesetzten genehmigt wird, wird als Original vom oder von den Vorgesetzten unterschrieben und im HRM-Bereich gegen Quittung mit Datums- und Zeitangabe an den Mitarbeiter ausgehändigt, das er sich auch – entsprechend der **Holpflicht des Arbeitnehmers** – abholen muss. Eine Fotokopie verbleibt noch in der Personalakte, bis sie nach Datenschutz-Gründen im Unternehmen gelöscht wird.

Anforderungsprofil

Firma: ....

Funktion: ....

Stelleninhaber/in: ....

	Vorgaben kurzfristig	Vorgaben mittelfristig
Alter:		
weiblich / männlich:		
Nationalität bzw. Fremdsprachenkenntnisse		
Aus- und Weiterbildung		
Schulbildung		
Berufsausbildung		
Weiterbildung		
Studium		
Berufserfahrung gleichartig artverwandt		
Branchenkenntnisse obligatorisch wünschenswert		
Spezialkenntnisse obligatorisch wünschenswert		

Abb. 7.0

Ergänzende Hinweise:

Anforderungsprofil (1)

Funktion/Stellenbezeichnung ....

Kriterien	nicht ausgeprägt	wenig ausgeprägt	ausgeprägt	stark ausgeprägt	besonders stark ausgeprägt
Termintreue	O	O	O	O	O
Einhalten von eigenbestimmten und fremdbestimmten Terminen					
Gründlichkeit	O	O	O	O	O
Alle Aufgaben in einem vorgegebenen Zeitraum richtig erledigen					
Initiative	O	O	O	O	O
Von sich aus Probleme erkennen und gewichten, Lösungen erarbeiten und umsetzen, sofern gewünscht /gewollt					
Selbständigkeit	O	O	O	O	O
Aufgaben (fast ohne) Vorgaben und Anleitung und (fast ohne) Kontrolle im Sinne der Zielsetzungen erledigen					
Einsatzbereitschaft	O	O	O	O	O
Über die durchschnittliche Norm Arbeiten auch woanders übernehmen					
Belastbarkeit	O	O	O	O	O
Zu einer vorgegebenen Zeit mehr als den ϕ-lichen Arbeitsanfall fehlerfrei erled.					
Ausdauer	O	O	O	O	O
Über einen längeren, nicht vorhersehbaren Zeitraum Aufgaben fehlerfrei erl.					
Kostenbewusstsein	O	O	O	O	O
Wirtschaftl. sinnvoller Einsatz von Arbeitsmitteln und von Arbeitsabläufen					
Informationsverhalten	O	O	O	O	O
Fähigkeit und Bereitschaft, sachdienl. Informationen einzuholen, zu bearbeiten und zielgerichtet weitergeben					

Abb. 7.1

Anforderungsprofil (2)

Funktion/Stellenbezeichnung...

Kriterien	nicht ausgeprägt	wenig ausgeprägt	ausgeprägt	stark ausgeprägt	besonders stark ausgeprägt
Kommunikationsverhalten	O	O	O	O	O
Fähigkeit +Bereitschaft von sich aus sachdienliche Infos auszutauschen					
Zusammenarbeit	O	O	O	O	O
Fähigkeit + Bereitschaft mit Mitarbeitern + Gruppen zusammenzuarbeiten					
Teamarbeit	O	O	O	O	O
Fähigkeit + Bereitschaft in einer Arbeitsgruppe zielgerichtet mitzuarbeiten und sich mit dem Gruppenziel zu identifiz.					
Urteilsfähigkeit	O	O	O	O	O
Sachverhalte + zwischenmenschl. Beziehungen zu erkennen, beurteilen und die notwendigen Schlüsse ziehen					
Auffassungsgabe	O	O	O	O	O
Lernbereitschaft und Fähigkeit, Neues zu erkunden und richtig umzusetzen					
Darstellungsvermögen	O	O	O	O	O
Aufgaben und Sachverhalte klar und deutlich (verständlich) erklären					
Überzeugungsfähigkeit	O	O	O	O	O
Sachverhalte, Meinungen und Entscheidungen so darzustellen und zu vertreten, dass Andere sich damit identif. können					
Planungsfähigkeit	O	O	O	O	O
Vorausschauendes + systematisches Vorgehen + realisierende Termine s.					
Organisationsverhalten	O	O	O	O	O
Eigene und fremde Vorgaben und Planungen in die Praxis erfolgr. umsetzen					

Abb. 7.2

Anforderungsprofil (3)

Funktion/Stellenbezeichnung ....

Kriterien	nicht ausgeprägt	wenig ausgeprägt	ausgeprägt	stark ausgeprägt	bes. stark ausgeprägt
Verantwortungsbewusstsein	O	O	O	O	O
Sich der Bedeutung der eigenen Handlungsweise bewusst sein und sie vertreten und ggf. korrigierend bei Fehlverhalten einzugreifen.					
Personelle Wirksamkeit	O	O	O	O	O
Äußeres Erscheinungsbild, Ausstrahlung als Persönlichkeit, Akzeptanz durch andere.					
Führungsverhalten	O	O	O	O	O
Fähigkeit + Bereitschaft, Aufgaben und und Kompetenzen zu delegieren und:					
die eigenen Mitarbeiter (gesamt) →	O	O	O	O	O
- anzuleiten →	o	o	o	o	o
- zu kontrollieren →	o	o	o	o	o
- zu beurteilen, →	o	o	o	o	o
- zu korrigieren, →	o	o	o	o	o
- weiterzubilden →	o	o	o	o	o
- und zu fördern →	o	o	o	o	o
Entscheidungsfähigkeit	O	O	O	O	O
Entscheidungen treffen + durchsetzen, auch wenn es nicht die eigenen sind!					

Abb. 7.3

Ergänzende Hinweise:

Gesamtes Anforderungsprofil (4) als Sollfunktion des AN (Arbeitsplatz-Merkmale)

Funktion/Stellenbezeichnung...

Kriterien	nicht ausgeprägt	wenig ausgeprägt	ausgeprägt	stark ausgeprägt	bes. stark ausgeprägt
Termintreue	o	o	o	o	o
Gründlichkeit	o	o	o	o	o
Initiative	o	o	o	o	o
Selbständigkeit	o	o	o	o	o
Einsatzbereitschaft	o	o	o	o	o
Belastbarkeit	o	o	o	o	o
Ausdauer	o	o	o	o	o
Kostenbewusstsein	o	o	o	o	o
Informationsverhalten	o	o	o	o	o
Kommunikationsverhalten	o	o	o	o	o
Zusammenarbeit	o	o	o	o	o
Teamarbeit	o	o	o	o	o
Urteilsfähigkeit	o	o	o	o	o
Auffassungsgabe	o	o	o	o	o
Darstellungsvermögen	o	o	o	o	o
Überzeugungsfähigkeit	o	o	o	o	o
Planungsfähigkeit	o	o	o	o	o
Organisationsfähigkeit	o	o	o	o	o
Verantwortungsbewusstsein	o	o	o	o	o
Personelle Wirksamkeit	o	o	o	o	o
Führungsverhalten	o	o	o	o	o
Mitarbeiter (gesamt aus:) →	o	o	o	o	o
- anleiten	o	o	o	o	o
- kontrollieren	o	o	o	o	o
- beurteilen	o	o	o	o	o
- korrigieren	o	o	o	o	o
- fördern	o	o	o	o	o
- weiterbilden	o	o	o	o	o
Entscheidungsfähigkeit	o	o	o	o	o

Abb. 7.4

Anmerkung: Die einzelnen Anforderungs-Merkmale (Voraussetzungen und Bedingungen des gesamtes Aufgabenbereiches der MA) sind in enger Zusammenarbeit mit dem Betriebsrat und auch mit der Jugendvertretung in vielen Sitzungen und auch mit Arbeitsplatzbesichtigungen und mit Gesprächen der Stelleninhaber diskutiert worden, wobei weniger die Merkmale in ihren Begriffsbestimmungen (Definitionen) sich als sehr schwierig gestalteten, sondern mehr ihre Gewichtungen gegenüber anderen Arbeitsplätzen. Es bestand jedoch Einverständnis darüber, dass die *Fachvorgesetzten mit Disziplinargewalt* die Arbeitsplätze in ihrem betrieblichen Umfeld am besten kennen und daher auch für die Bestimmung der Anforderungsprofile kompetent sind, die im Vergleich zu den Ausprägungsgraden sich direkt auf die Beurteilungen positiv oder negativ auswirken könnten. Sollten sich Arbeitsplätze im Laufe der Zeit von der Quantität und von der Qualität her wesentlich verändern und einen direkten Einfluss auf die Eignungsprofile = Beurteilungsmerkmale d. MA haben, werden diese natürlich verändert. Ein Optimum der Besetzung eines Arbeitsplatzes würde sich dann ergeben, wenn sich das *Eignungsprofil* (die Beurteilungsmerkmale des AN) mit den *Anforderungsprofil* des Arbeitsplatzes nahezu decken würde. Deshalb sind beide Profile inhaltlich identisch aufgebaut.

> Wenn das Eignungsprofil des MA sich dem Anforderungsprofil seines Arbeitsplatzes annähert und schriftlich festgehalten wird, dann können wir endlich auch von einem fair ausgestellten Zeugnis sprechen.

Gesamtes Eignungsprofil als Ist-Funktion des AN (Fähigkeitsmerkmale des AN)

Funktion/Stellenbezeichnung ....

Kriterien	nicht ausgeprägt	wenig ausgeprägt	ausgeprägt	stark ausgeprägt	bes. stark ausgeprägt
Termintreue	o	o	o	o	o
Gründlichkeit	o	o	o	o	o
Initiative	o	o	o	o	o
Selbständigkeit	o	o	o	o	o
Einsatzbereitschaft	o	o	o	o	o
Belastbarkeit	o	o	o	o	o
Ausdauer	o	o	o	o	o
Kostenbewusstsein	o	o	o	o	o
Informationsverhalten	o	o	o	o	o
Kommunikationsverhalten	o	o	o	o	o
Zusammenarbeit	o	o	o	o	o
Teamarbeit	o	o	o	o	o
Urteilsfähigkeit	o	o	o	o	o
Auffassungsgabe	o	o	o	o	o
Darstellungsvermögen	o	o	o	o	o
Überzeugungsfähigkeit	o	o	o	o	o
Planungsfähigkeit	o	o	o	o	o
Organisationsfähigkeit	o	o	o	o	o
Verantwortungsbewusstsein	o	o	o	o	o
Personelle Wirksamkeit	o	o	o	o	o
Führungsverhalten	o	o	o	o	o
Mitarbeiter (gesamt aus:) →	o	o	o	o	o
- anleiten	o	o	o	o	o
- kontrollieren	o	o	o	o	o
- beurteilen	o	o	o	o	o
- korrigieren	o	o	o	o	o
- fördern	o	o	o	o	o
- weiterbilden	o	o	o	o	o
Entscheidungsfähigkeit	o	o	o	o	o

Abb. 7.5

Es ist nun Aufgabe des Vorgesetzten, eine sog. >>Stärken-/Schwächen-Analyse<< vorzunehmen, d.h. das Eignungsprofil seines m. oder w. AN durch seine Beurteilung festzulegen, um durch einen Quervergleich mit dem Anforderungs-Profil des entsprechenden Arbeitsplatzes auf der einen negativen Seite Defizite oder auch zum Teil Überforderungen des MA oder sogar seine Unterforderungen festzustellen. Bei der internen MA-Beurteilung muss sogar der Vorgesetzte jedoch Mängel und Schwächen feststellen, damit keine Aufgaben liegen bleiben, Projekte nicht zu spät abgeschlossen werden, Kunden nicht verprellt werden oder sogar der Betriebsfrieden gestört oder bedroht wird.

Diese Negativ-Erscheinungen werden i.d.R. **nicht im Zeugnis vermerkt**, wenn sie nicht von zu langer Dauer waren und dem Unternehmen keinen zu großen Schaden zugefügt haben.

Jeder Vorgesetzte erwartet, dass alle seine Mitarbeiter mindestens dem Durchschnitt der Gruppe entsprechend arbeiten und nach der Probe- oder Einarbeitungszeit sich von dem Durchschnitt entsprechend ihren Stärken weiterentwickeln. Deshalb gehören Verhaltens- und Leistungsbeurteilungen grundsätzlich nicht ins ZEUGNIS unserer Mitarbeiter/innen, die unterhalb des Durchschnittes ihres Eignungsprofiles liegen. Für diesen Fall muss der Vorgesetzte rechtzeitig seine Mitarbeiter-Korrekturgespräche führen und nach gemeinsamen Lösungsmöglichkeiten suchen.

7.2 Formulierungshilfen für qualifizierte Zeugnis-Bausteine

Die Ihnen nun vorgestellten BAUSTEINE als Ihre *alternativen Zeugnis-Formulierungshilfen* beziehen sich auf die gängigsten beruflichen und persönlichen Merkmale der Stelleninhaber/innen. Je nach dem Ausprägungsgrad dieser Merkmale als SOLL-Vergleich im Anforderungsprofil des Arbeitsplatzes gegenüber dem IST-Vergleich im Eignungsprofil des Stelleninhabers hat jeder ①Vorgesetzte und ② Mitarbeiter im HRM-/Personalbereich nun die Möglichkeit, **beim Weglassen der Leistungs- und Verhaltensweisen, die unter dem Durchschnitt derselben Arbeitsgruppe liegen** – die Zeugnisse ehrlich, wahrheitsgetreu und wohlwollend, d.h. **für beide Seiten „fair"** auszustellen.

Verlangt zum Beispiel der *Arbeitsplatz eines Maschinenbedieners* keine hohe Teamfähigkeit, weil er ständig alleine an dieser Maschine seine Arbeit verrichtet, ohne zeit- oder kollegenabhängig zu sein, dann wird dementsprechend auch dieses Merkmal „Teamarbeit" nicht im Zeugnis vermerkt.

Verlangt der individuelle, betriebliche *Arbeitsplatz einer Fremdsprachen-Sekretärin* fachübergreifende Sprachkenntnisse zum Beispiel in Englisch oder Französisch, dann werden diese selbstverständlich aufgrund ihrer beurteilten Anwendungen im Unternehmen im Arbeitszeugnis herausgehoben. Sollte sie jedoch noch über spanische Sprachkenntnisse verfügen, die sie nicht in diesem Unternehmen angewendet hatte, dann gehören sie auch nicht in ihr Abgangszeugnis, weil ihre technischen und kaufmännischen Kenntnisse in der spanischen Sprache auch nicht beurteilt werden konnten. Dieser Hinweis in ihrem Zeugnis schmückt es vielleicht, für den aber der abgebende Arbeitgeber keine Gewähr leisten kann oder darf.

Grundsätzlich sind die meisten Zeugnisformulierungen allgemeiner Art, damit sie miteinander auch verglichen werden können. Bestimmte *Spezifika der Arbeitsplätze* sollten vom Vorgesetzten unbedingt genannt werden, damit sie im Zeugnis deutlich hervorgehoben werden. Für diesen Fall sind Ihnen dann von mir bei den folgenden Formulierungshilfen Punkte angeführt worden, oder der Satz endet mit den Worten: „weil ...." oder „sodass" .... Dem Vorgesetzten wird von dem/der HRM-Mitarbeiter/in empfohlen, Beispiele anzugeben, die dann im Zeugnis „verarbeitet" werden, auch wenn sie in der Branche nicht besonders herausgestellt werden. Bewerber finden nicht immer branchengleiche Arbeitsplätze. Wenn diese Besonderheiten eines Arbeitsplatzes aber auch in angrenzenden Aufgabenstellungen interessant / wichtig erscheinen, dann sollten sie auch Bestandteil des Zeugnisinhaltes sein.

Spätestens jetzt werden Sie als Leser/in und / oder als *Zeugnis-Anwender/in* erkennen, dass durch diese Hilfestellung nicht mehr Tür und Tor für schwammige Formulierungen geöffnet sind. Ein Abgehen von bisherigen Zeugnisfloskeln wie von „voll" zu „vollst" und von vielen anderen grammatikalisch hochstilisierten Merkmalen ist dann die logische Konsequenz, **ehrlich und fair zu sein**, damit alle Drei, **der abgebende Arbeitgeber** und **ein neuer Arbeitgeber** sich ein objektives, vergleichbares und nachvollziehbares Bild von **dem/der Zeugnis-Inhaber/in** machen können, um ihm bzw. ihr auch mehr Chancen für ihre Bewerbungsgespräche und Neuorientierungen zu ermöglichen.

Alternative Zeugnis-Bausteine

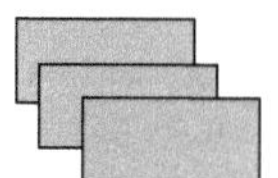

Bei den nun 26 folgenden „wohlwollenden“ Zeugnisbausteinen gehe ich davon aus, dass diejenigen Leistungen und Verhaltensweisen des männlichen oder weiblichen Mitarbeiters – kurz MA genannt –, die von dem oder von der Vorgesetzten unter dem Durchschnitt der allgemeinen Gruppenleistungen oder des Gruppenverhaltens liegen und bewertet und beurteilt worden sind, nicht in ein Arbeitszeugnis aufgenommen werden sollten, sondern besser ausgelassen werden. Sollten sie dennoch aufgrund von Rechtsvorschriften oder anderen Bestimmungen genannt werden, dann bitte sie zurückhaltend und nicht zu detailliert beschreiben. Selbstverständlich muss in Ausnahmefällen in einem Zeugnis auf *strafbare Handlungen am Arbeitsplatz, die zum Schaden des bisherigen Arbeitgebers geführt haben,* als „Warnfunktion“ für einen evtl. neuen Arbeitgeber hingewiesen werden. Das ist auch der Grund, weshalb ich von nur 3 aufsteigenden, verbalisierten Zeugnis-Formulierungshilfen ausgehe. Anstelle der Abkürzung AN auch bitte gelegentlich den Namen einsetzen!

7.2-1 Termintreue

① AN hielt die Termine (genau) ein.
② AN hielt die Termine stets ein.
③ AN hielt die Termine auch bei hohen Arbeitsbelastungen stets ein oder war seinen Mitarbeitern wegen der Einhaltung seiner Termine stets ein gutes Vorbild.

7.2-2 Gründlichkeit

① AN erledigte seine Aufgaben richtig und zügig.
② AN erledigte seine anspruchsvollen (vielfältigen) Aufgaben gründlich und zuverlässig.
③ AN erledigte seine (anspruchsvollen, vielseitigen) Aufgaben zielgerichtet (gründlich und erfolgreich).

7.2-3 Initiative

① AN ergriff häufig die Initiative.
② Dank seiner Ideen konnten (im erheblichen Maße) Arbeitsabläufe (und Entscheidungen) (erheblich) verbessert werden.
③ Text wie unter 2: ... sodass ... (*bitte einige Auswirkungen schildern!)*

7.2-4 Kreativität

① AN war ein/e kreative/r Mitarbeiter/in.
② AN war ein tatkräftiger und kreativer Mitarbeiter.
③ AN war ein sehr kreativer Mitarbeiter, weil ... (bitte *Folgen nennen)*

7.2-5 Selbständigkeit

① AN führte seine Aufgaben weitgehend selbständig aus.
② AN führte die Aufgaben selbständig und zielgerichtet aus.
③ AN führte die Aufgaben selbständig und zielgerichtet aus, sodass ...

7.2-6 Einsatzbereitschaft

① AN war bereit, auch andere (zusätzliche)Aufgaben zu übernehmen.
② AN war stets gerne bereit, auch für andere Mitarbeiter auszuhelfen.
③ AN war stets gerne bereit, auch über die normale Arbeitszeit hinaus andere, zusätzliche Aufgaben zu übernehmen (oder) die Belange unseres Unternehmens wichtigen Kunden gegenüber zu vertreten.

7.2-7 Belastbarkeit	① AN war jederzeit belastbar. ② AN hat auch bei hoher Arbeitsbelastung gute Ergebnisse erbracht. ③ AN war trotz hohem Arbeitsvolumen extrem belastbar, weil ...
7.2-8 Ausdauer	① *Siehe wie bei Belastbarkeit.* ② *Siehe wie bei Belastbarkeit.* ③ AN war in der Lage, auch über einen längeren Zeitraum sich seinen vielfältigen Aufgaben erfolgreich zu widmen.
7.2-9 Kostenbewusstsein	① AN hat sich kostenbewusst verhalten, weil … (*Beispiele angeben)* ② AN behielt stets unseren Aufwand und unsere Kosten im Visier. ③ AN hat sich stets kostenbewusst verhalten und dadurch unser Betriebsergebnis weiterhin positiv beeinflusst.
7.2-10 Informations-verhalten	① AN war fähig und bereit, sachdienliche Informationen einzuholen, aufzuarbeiten und zielgerichtet wiederzugeben. ② *Text wie bei* ①, ... sodass unsere MA stets über unsere Unternehmensziele (Abteilungsziele) ausführlich informiert wurden. ③ *Text wie bei* ②,. sodass unsere MA stets über einen hohen, betrieblichen Informationsstand verfügen.
7.2-11 Kommunikations-verhalten	① AN verstand es, die notwendigen Kontakte mit .... zu knüpfen. ② (AN) ... aufgrund seiner guten Kontakte zu.......(*Ziel angeben!*) ③ (AN) ... aufgrund seiner hervorragenden Kontakte zu ......
7.2-12 Zusammenarbeit	① AN zeigte sich unseren Mitarbeitern gegenüber sehr kooperativ. ② AN … und trug dadurch zu unserem guten Betriebsklima bei. ③ AN … und trug wesentlich dazu bei, dass ... *(Folgen angeben!)*
7.2-13 Teamarbeit	① AN war teamfähig und in den Projektarbeiten „zuhause“, ② AN war in hohem Maße teamfähig und bereit, ... ③ *wie* ②, sodass unsere Projekte „just in time“ erledigt wurden.
7.2-14 Urteilsfähigkeit	① AN verfügte über ein sicheres Urteilsvermögen. ② Dank seines analytischen Denkvermögens .... oder dank seines hohen Einfühlungsvermögens .... ③ AN verfügte über ein sicheres Einfühlungs- und Urteilsvermögen, sodass er von ...... stets als kompetenter Gesprächspartner unseres Unternehmens geschätzt (und geachtet) wurde.

7.2-15 Auffassungsgabe	① AN verfügte über eine gute Auffassungsgabe. ② AN verstand es, sich in fremde Aufgabengebiete einzuarbeiten dank seines hohen Einfühlungsvermögens und .... ③ AN erkannte sofort die Probleme und bot realistische Lösungsmöglichkeiten an.
7.2-16 Darstellungsvermögen	① AN verstand es gut, Sachverhalte und Entscheidungen darzustellen. ② AN verstand es sehr gut, Sachverhalte und Probleme darzustellen. ③ AN (*s. wie* ②), sodass Entscheidungen schneller getroffen werden konnten.
7.2-17 Überzeugungsfähigkeit	① AN verstand es gut, Probleme und Entscheidungen vorzutragen. ② AN verstand es vorzüglich, ③ AN ⏟ so darzustellen, dass Andere sich damit (sofort) identifizieren konnten.
7.2-18 Planungsfähigkeit	① Dank (*Name des AN*) seiner systematischen Vorgehensweise .... ② AN verstand es, Arbeitsabläufe termingerecht zu planen und .... ③ AN verstand es in hohem Maße, Arbeitsabläufe so zu planen, dass ... (*bitte Beispiele angeben*)
7.2-19 Organisationsfähigkeit	① (*siehe Planungsfähigkeit unter* ①) ② (*siehe Planungsfähigkeit unter* ②) ③ verfügte über ein ausgeprägtes Organisationstalent, um vorgegebene Aktivitäten sicher und termingerecht zu realisieren.
7.2-20 Verantwortungsbewusstsein	① AN war sich der Bedeutung seiner Handlungsweise (Aktivitäten) durchaus bewusst. ② AN war sich stets der Bedeutung seiner Entscheidungen bewusst. ③ AN (*wie unter* ②), sodass er einen wesentlichen Beitrag zur Erreichung unserer Unternehmensziele leistete.
7.2-21 äusseres Erscheinungsbild	① Sein äußeres Erscheinungsbild war überzeugend. ② AN trat sehr sicher und selbstbewusst in seinen Vorträgen auf. ③ AN überzeugte uns aufgrund seines überzeugenden Auftretens.
7.2-22 Führungsverhalten	① AN wurde als Vorgesetzter aufgrund seiner Fähigkeiten, AN anzuleiten (zu unterstützen, zu beraten und zu fördern etc.), stets von seinen Mitarbeitern geschätzt und anerkannt. ② Seine Art, MA in unserem Unternehmen kooperativ zu führen, hat unsere jüngeren Vorgesetzten beispielhaft überzeugt. ③ (einmal salopp ausgedrückt:) „*Unser/e Chef/in war Spitze!*“

7.2-23 Entscheidungs- verhalten	① AN hatte die für seine Aufgabenbereiche notwendigen Entscheidungen richtig (und immer termingerecht) getroffen. ② AN (*wie ① und besondere Führungsmerkmale herausstellen.)* ③ AN (*wie ②*), sodass er stets über einen hochmotivierten Mitarbeiterstamm verfügte.
7.2-24 Verhalten gegenüber Vorgesetzten	① AN hatte sich stets korrekt und freundlich gegenüber seinem(n) Vorgesetzten verhalten. ② (*wie unter* ①) und... „höflich, zuvorkommend und loyal" ... einfügen. ③ (*wie unter* ②) und weitere Besonderheiten herausstellen.
7.2-25 Verhalten gegenüber Arbeitskollegen	① AN hatte sich seinen Kollegen gegenüber stets korrekt und hilfsbereit verhalten. ② AN (*wie unter* ① *und noch hinzufügen:*) freundlich, umgänglich oder oder kameradschaftlich. ③ AN verhielt sich stets kollegial + (*Besonderheiten herausstellen*)
7.2-26 Verhalten gegenüber Geschäftspartnern	① AN (*wie oben unter* ① *und Kollegen austauschen gegenüber Kunden und anderen Geschäftspartnern).* ② Er zeichnete sich im Gespräch gegenüber unseren Kunden und Geschäftspartnern als kollegialer Partner aus. ③ Sein Verhalten gegenüber Behörden, Instituten, Filialen und unseren Tochtergesellschaften war vorbildlich.

Anmerkungen

Bei der Übersicht der o.g. einzelnen, 26 verbalisierten Zeugnisbausteinen, bestehend aus diversen ① Leistungsarten, ② Führungstechniken und ③ Verhaltensweisen, werden Sie sicher erkannt haben, dass diese nicht unbedingt alle stark voneinander abgegrenzt worden sind und von mir auch bewusst nicht gewollt waren. Wenn die *Mitarbeiter im HRM-Bereich* (die Personaler) diese >>26-Muster in Matrix-Form<< als Unterlage den betreffenden, beurteilenden Vorgesetzten überreichen, mit der Bitte oder Aufforderung, alle 26 Merkmale für den betreffenden Mitarbeiter anzukreuzen, wären diese völlig überfordert, weil die meisten aller Arbeitsplätze hinsichtlich ihrer Aufgaben, Tätigkeiten und Anforderungen nicht vergleichbar sind und auch unterschiedlich stark in den Merkmalen gewichtet werden müssen.

Ich empfehle Ihnen daher, Ihrem HRM-Bereich meine Matrix (*vgl. Abb. 7.5)* anzubieten, mit der Bitte an die Vorgesetzten, *nur Merkmale auszuwählen, die den individuellen Arbeitsplatz des ausgewählten MA* ***schwerpunktmäßig*** *am besten beschreiben und anzukreuzen.* Oder vielleicht – etwas salopp ausgedrückt: „*Wenn alle Mitarbeiter in ihren Zeugnissen nur noch nach denselben Merkmalen und nach der 3. besten Beurteilungskategorie hochgejubelt (beurteilt) werden würden, wären die Begriffe des* ***Wohlwollens*** *und der* ***Wahrheitspflicht*** nicht mehr nachvollziehbar, wozu wir es aber nicht kommen lassen wollen.

Anhang

Verzeichnis der Abbildungen und Zeugnisse Seitenzahlen

✸ ***(Bitte die Rahmenpläne der Berufsausbildungen für neue Zeugnisse überprüfen!)***

Anm. ***MZ*** *= Abkürzung für Musterzeugnis*

Gunter Prollius – beruflicher Werdegang

Ω 1.) **Seemännische Grundausbildung** auf dem >>Schulschiff Deutschland<< in Bremen, danach auf Übersee mit dem Großfrachter CEUTA der **OPDR-Reederei** in Hamburg.

Ω 2.) Kaufmännische **Berufsausbildung zum Industriekaufmann** bei der **DEMAG AG** in Duisburg (Mannesmann-Konzern).

Ω 3.) **Assistent des Walzwerksdirektors der DEMAG AG** für ein 450 Millionenprojekt eines europäischen Konsortiums für den Aufbau eines Hüttenwerkes in China.

Ω 4.) **Studien** an der **Wirtschaftsakademie** und an der **Freien Universität** (FU) in Berlin zum **Diplom-Betriebswirt** mit Spezialisierung: Arbeit- und Sozialrecht.

Ω 5.) **Assistent der Geschäftsführung der Bandstahl Berlin GmbH** (Thyssen-Tochter) in Berlin in den Bereichen Verkauf, Administration und teilweise Personalwesen/Ausbildung.

Ω 6.) **Assistent des Personalleiters**/Verwaltung und **Ausbildungsbeauftragte**r bei der **SCHERING AG** (Pharma-Konzern) in Berlin (jetzt BAYER AG).

Ω 7.) **Personalleiter der TOYOTA Deutschland GmbH** in Köln, deutsche Tochtergesellschaft des TOYOTA-Konzerns in Tokyo/Japan.

Ω 8.) Eintritt in die **Selbständigkeit als Unternehmens- und Personalberater**, gleichzeitig **Dozent** an verschiedenen **Industrie- und Handelskammern**, **Handwerkskammern** und sonstigen **behördlichen** und auch an **anderen Bildungsanstalten.**

Ω 9.) Zeitweise als **Lehrbeauftragter an den Universitäten** in Heidelberg und Ludwigshafen und Gastvortrag an der Uni in Heilbronn.

Ω 10.) **Als Unternehmensberater** interimsweise **Personalchef** bei verschiedenen bekannten Unternehmen und mit und nach der Wende auch in ehemaligen DDR-Gesellschaften im Rahmen ihrer Umstellungen auf West-Niveau, Gesellschaftsform, Gesetz + Rechtsprechung.

Ω 11.) **Autor vieler Fachartikel** in diversen Fachzeitschriften **und Fachbücher** mit den Schwerpunkten: >>*Führung und Human Resources Management/Personalwesen*<< und auch in anderen Fachbüchern als Mitautor.

Fachbücher / Veröffentlichungen

Als Autor

1981 *Die Einstellung des Japaners zu seiner Arbeit und zu seiner betrieblichen Umwelt.* Artikel in *Personalführung* 8/81 Deutsche Gesellschaft für Personalführung, Düsseldorf

1982 *Arbeitszeugnisse richtig ausstellen und formulieren.* Artikel in Schimmelpfeng REVIEW 29, 4/82

1982 *Personalabbau in der Praxis* (in 4 Teilen). Artikel in *Personalführung* 6,7,8,9/82 Deutsche Gesellschaft für Personalführung, Düsseldorf

1984 *Die Zeichen stehen auf Sturm – Arbeitszeit –35-Stunden-Woche* (in 3 Teilen). Artikel in *Personalführung* 1,3,4/84 Deutsche Gesellschaft für Personalführung, Düsseldorf

1984 *Das Personalhandbuch für Vorgesetzte.* Artikel in *Personalführung* 2,84 Deutsche Gesellschaft für Personalführung, Düsseldorf

1984 *Resumee der Tarifverhandlungen 1984.* Artikel in *Personalführung* 2,84 Deutsche Gesellschaft für Personalführung, Düsseldorf

1985 *Bewerbungsunterlagen und Checkliste.* Artikel in *Personalführung* 10/85 Deutsche Gesellschaft für Personalführung, Düsseldorf

1985 *Arbeitszeugnisse richtig ausstellen und formulieren.* Artikel in *Personalführung* 10/85 Deutsche Gesellschaft für Personalführung, Düsseldorf

1985 *Das Personalhandbuch als Orientierungshilfe für Vorgesetzte.* Artikel in EKH Heft 11/85 Verlag Beste Unternehmensführung GmbH, München

1986 *Der AT-Mitarbeiter – Zuordnung, Dienstvertrag und Leistungsangebot.* Artikel in EKH Heft 9/86 Verlag Beste Unternehmensführung GmbH, München

1986 *Bewerbungsunterlagen und Checkliste – Ein Leitfaden filr Bewerber +Arbeitgeber.* Artikel *in Natech - Uni/FH* 12/1986 - Joumal des KEK Verlag, Freienwill

1987 Fachbuch *Das Personalhandbuch als Führungsinstrument,* Sauer-Verlag, Heidelberg

1995 *Arbeitszeugnisse – bis heute keine Rechtsvorschriften.* Artikel in *Der Elektrofachmann,10195* Fachorgan der Elektro-Innung, Berlin + Fachverbandes Elektrotechnische Handwerke

1996 Fachbuch *Aufbau und Gestaltung von Zeugnissen.* expert verlag, Renningen bei Stuttgart, 3. Auflage 2002

1996 *Bewerbungsunterlagen und Checkliste.* Artikel in Fachzeitschrift LICHT, Pflaum Verlag, München

1997 *Qualität und Qualitätsmanagement Teil I.* Artikel in Fachzeitschrift LICHT, 2,3/1997 Pflaum Verlag, München

1997 *Qualität und Qualitätsmanagement Teil II.* Artikel in Fachzeitschrift LICHT, 5/1997 Pflaum Verlag, München

1997 *Zeugnisse schreiben – eine betriebliche, oft betrübliche Last.* Interview + Artikel in *Der Elektrofachmann 6197* Elektrotechnische Handwerke Berlin und Brandenburg

1997 *Weiterbildung – quo vadis? Situation über die Weiterbildung in Deutschland.* Artikel in Fachzeitschrift LICHT, 10/1997 Pflaum Verlag, München

1999 *Pauschalformulierungen gehören nicht in das Zeugnis!* Interview + Artikel in *Wirtschaft zwischen Alb und Bodensee* 11/98 Fachorgan der IHK in Weingarten und Ulm

2011 Fachbuch *Mein neuer Arbeitsplatz.* expert verlag, Renningen bei Stuttgart

2015 Fachbuch *Das Personalhandbuch für die betriebliche Praxis.* expert verlag, Renningen bei Stuttgart, 2. Auflage 2018

2019 Fachbuch *Auf dem Weg zur HRM-Führungskraft.* UVK Verlag München

2020 Fachbuch *Das faire Arbeitszeugnis.* UVK Verlag München

2020 Fachbuch *Zeitbewusstes Projekt-Management im HRM-Personalbereich.* UVK Verlag München

Als Mitautor

1979 Fachbuch *Zukunftsorientierte Personalinsertion,* G. Prollius + M. Hinz, *Sonderveröffentlichung* Gieseking Wirtschaftsverlag, Köln

1983 Fachbuch *Personalperspektiven 1983-1984,* G. Prollius: Beitragsthema *Die Gleichbehandlung von Männern und Frauen am Arbeitsplatz.* Verlag Mensch und Arbeit

1987 Fachbuch *Aktuelle Aspekte des Arbeitsrechtes,* Hrsg. Prof. Dr. D. Gaul, Festschrift. G. Prollius: Beitragsthema *Gleichbehandlung von Männern und Frauen am Arbeitsplatz,* Heidelberg